相對論

利略06

文組也能輕鬆入門

人 人 出 版

前言

當你聽到「時間和空間會延長，也會縮短」這樣的說法，你會相信嗎？這是天才物理學家愛因斯坦提出的相對論概念。根據相對論，1 秒鐘和 1 公尺的長度，會依場合和狀況而改變。

愛因斯坦在1905年發表了關於時間和空間的嶄新理論「狹義相對論」。再經過10年後，愛因斯坦把這個理論進一步發展，又發表了「廣義相對論」。廣義相對論是關於重力的新理論。相對論將人們的常識徹底顛覆，成為劃時代的重要理論。

本書適合從基礎開始認識相對論的讀者。搭配有趣插圖與愛因斯坦的軼事，希望每位讀者都能輕鬆地從頭閱讀到尾。準備盡情享受相對論的世界吧！

觀念伽利略06 文組也能輕鬆入門

相對論

緒論

1. 瞭解相對論的基礎——光速

2. 狹義相對論：時間與空間的新理論

3. 廣義相對論：重力的新理論

4. 相對論與現代物理學

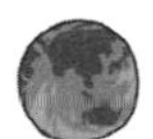

緒論

相對論是將以往的物理學徹底顛覆的革新理論。相對論究竟是什麼樣的理論呢？在緒論中，將先進行簡略的介紹。

從愛因斯坦提出疑問而開啟的相對論

「如果以光速飛行，能在鏡子裡面看到自己的臉嗎？」

相對論是由天才物理學家愛因斯坦（Albert Einstein，1879～1955）提出的理論。它的起點，來自愛因斯坦在16歲時抱持的以下疑問。

「如果自己以光速飛行，能在鏡子裡看到自己的臉嗎？」

想要在鏡子裡看到自己的臉，光線必須在照到自己的臉之後，反射抵達鏡子，再反射回到自己的眼睛才行。如果自己的運動速率和光相同，光就不會抵達鏡子了吧？

無法從以音速飛行的飛機前端發出聲波

想像一下飛機以音速飛行時的場景吧！聲音相對於靜止空氣的傳播速率為秒速340公尺，而以音速飛行的飛機相對於靜止空氣的飛行速率也是秒速340公尺。如果從以音速飛行的飛機前端發出聲波，則從飛機來看，音速的速率會被抵消而變成零，因此聲波無法從飛機的前端發送出去。

回到前述的疑問。**如果光的性質和聲音相同，若我們以光速行進時，從臉上發出的光看起來好像會靜止不動，也就無法抵達鏡子。**但愛因斯坦認為「靜止不動的光」是不可能的，所以非常苦惱。這個疑問後來遂衍生出相對論。

愛因斯坦的疑問

如果一邊拿著鏡子，一邊以光速飛行，鏡子裡會映出自己的臉嗎？愛因斯坦所抱持的這個疑問，後來衍生出相對論。

2 狹義相對論是關於時間和空間的理論

時間和空間是相對的東西

愛因斯坦於1905年發表了「狹義相對論」，再經過10年後，又發表了「廣義相對論」。首先概略介紹一下狹義相對論，這是一種探討時間和空間的理論。**簡單來說，它是說明「時間和空間的長度，對每個人來說並非都相同，而是會依其身處的位置而改變的相對概念」。**

時間的進行會變慢，空間會縮短

根據狹義相對論，在高速移動的物體之中，時間的進行會延遲，空間會縮短。在右圖中，對在宇宙空間中靜止不動的愛麗絲而言，在高速行進的太空船內部的鮑伯所攜帶的時鐘走得比較慢，並且包括鮑伯的身體在內，太空船內所有物體的長度，都沿著行進方向縮短了。根據狹義相對論，就會發生這種不可思議的奇妙現象。

太空船內的時間和空間

從愛麗絲的角度來看，太空船內的時間會進行得比較慢，空間會縮短。但另一方面，鮑伯並不會覺得太空船內的時間變慢、空間縮短了。

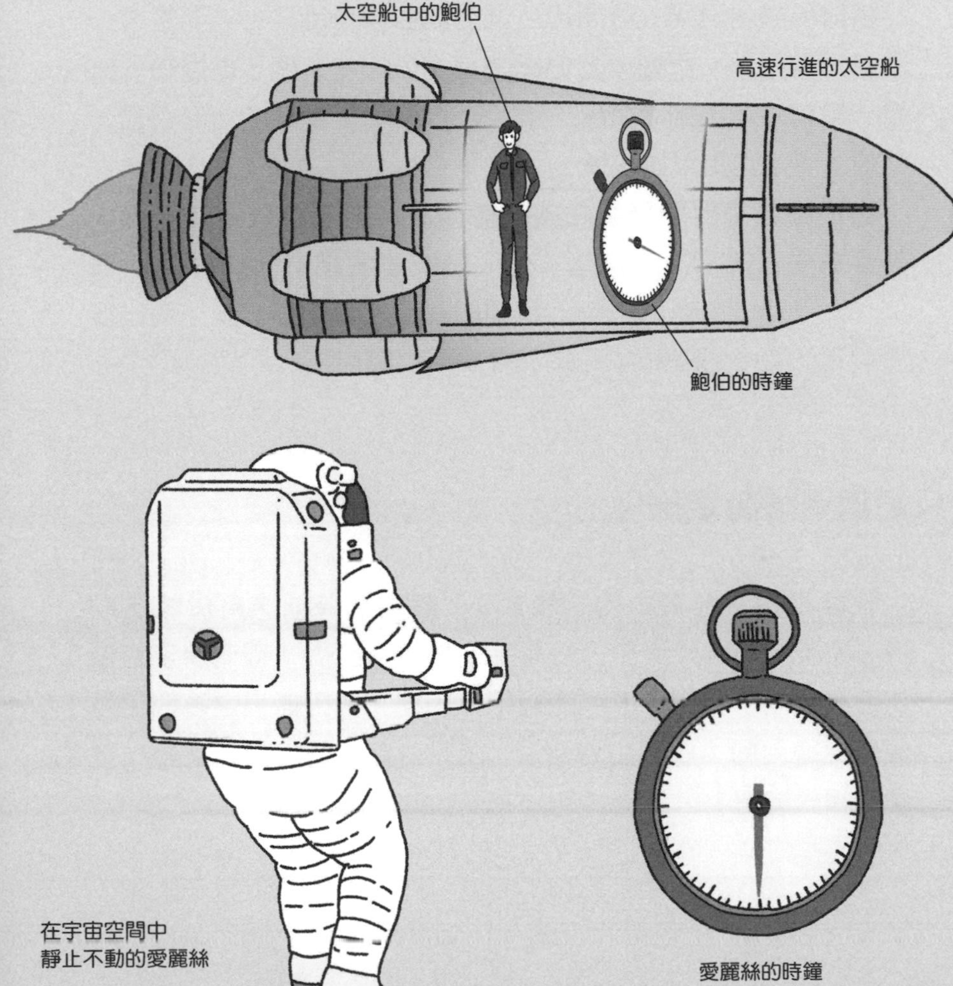

3 時間和空間會一起變化

時間和空間是一體的東西

根據狹義相對論，時間和空間並非各自分別變化，而是會一起縮短或延長。例如，鮑伯認為是 1 公尺的東西，從愛麗絲來看，會縮短為不到 1 公尺。而且，這時從愛麗絲的角度來看，鮑伯的時鐘也走得比較慢。

自從狹義相對論發表之後，時間和空間已經被視為一體，甚至把兩者統稱為「時空」或「時空連續統」(space-time continuum)。也就是說，我們居住的世界是由三個空間維度(次元)和一個時間維度構成的「4 維度時空」。

只能適用於特定條件

狹義相對論名稱中的「狹義」，意指它只能適用於特定狀況。狹義相對論只有在「沒有受到重力影響」、「觀測者沒有做加速度運動」的條件下才能適用。因此，愛因斯坦之後把它發展成更通用的「廣義相對論」。在下一頁，就讓我們來談一談廣義相對論吧！

時間和空間無法切割

右邊時鐘走得比左邊時鐘慢。也就是說，時間延遲了。
而且在這個時候，空間也縮短了。

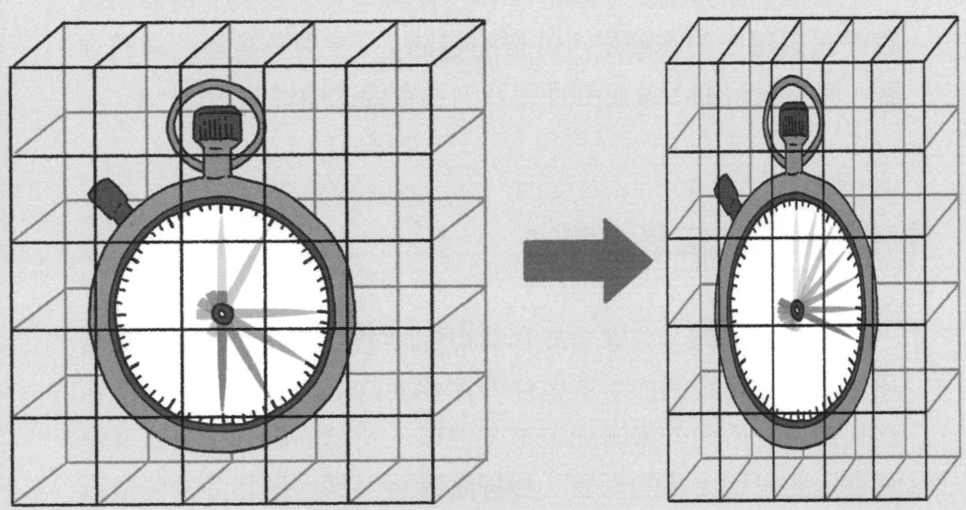

時間延遲時，空間（長度）
也會縮短。

時間和空間會連鎖變化，這就是
狹義相對論的基礎。

4 廣義相對論是關於時間、空間以及重力的理論

重力的本體是扭曲的時空

狹義相對論發表後，過了10年，愛因斯坦又發表了廣義相對論以說明重力的本體是「時空的扭曲」。在具有質量的物體周圍，時空會扭曲，連光的行進方向也會因此而彎曲。

地球周圍的時空是扭曲的

愛因斯坦認為，地球（具有質量的物體）周圍的時空（時間和空間）也是扭曲的。就像球會往地面的凹陷處滾落，蘋果也會受到時空扭曲的影響而被拉向地球。所謂的重力，其實就是時空扭曲呈現出來的影響。**根據廣義相對論，當物體的質量越大，則時空的扭曲越大；越靠近物體時，時空的扭曲也越大。**

廣義相對論主張的重力

地球下方的扭曲網格表示著扭曲的時空。由於蘋果受到時空扭曲的影響，因此朝地球滾去，這就是重力的機制。

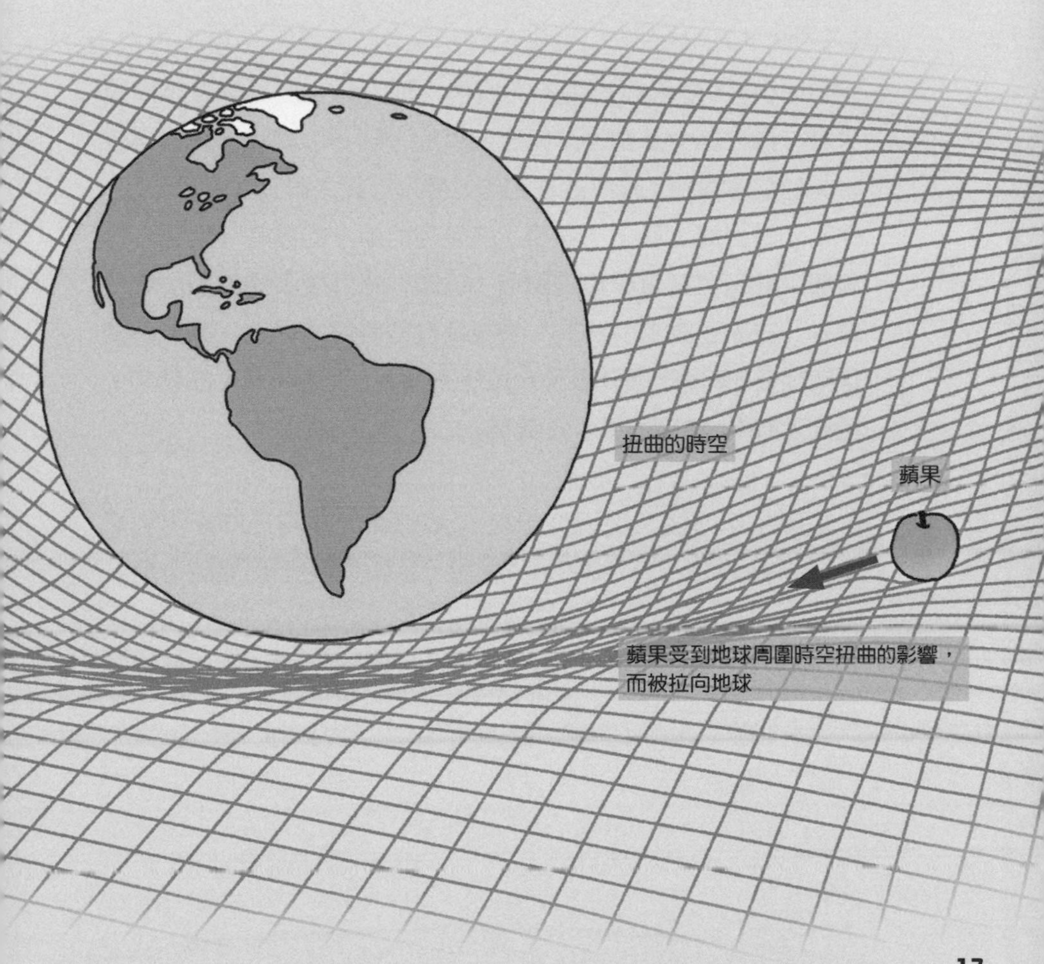

愛因斯坦是什麼樣的人？

愛因斯坦在1879年出生於德國烏爾姆（Ulm）。**據說愛因斯坦在幼兒時期沉默寡言，脾氣暴躁，**不喜歡和朋友一起玩，寧可獨自一個人玩耍。

1895年，愛因斯坦第一次報考大學失利，但於第二年通過考試，進入瑞士蘇黎世聯邦理工學院（ETH）就讀。大學畢業後，他在專利局工作，並在工作之餘潛心投入研究。1905年，他為了取得博士學位，發表「狹義相對論」的論文。但是，這篇論文並沒有獲得學校的認可，於是他另外發表關於微小粒子運動（布朗運動）的論文，最後終於取得博士學位。**另外，愛因斯坦在1905年還發表了「光量子假說」這篇革命性的論文。因此，1905年被稱為「奇蹟年」。**

在私生活方面，愛因斯坦在24歲時和大學同班同學馬利奇（Mileva Marić，1875～1948）結婚，但於35歲時分居，然後在40歲時離婚，並且和表姐愛爾莎（Elsa Einstein，1876～1936）結婚。但據說愛因斯坦的情人很多，因此他和愛爾莎的婚姻生活十分淡薄。

兒童時期的愛因斯坦

1. 瞭解相對論的基礎
—— 光速

相對論源自愛因斯坦對於光速的疑問。在第 1 章中，將介紹探索光速的科學史，以及愛因斯坦提出的「光速不變原理」。

1 光速約為秒速30萬公里

從地球發出的光僅約1.3秒就可抵達月球

打開房間的電燈開關後，房間一下子就亮了起來。然而，絕對不是在電燈泡亮起的瞬間，光就同時抵達了房間的每個角落。電燈泡發出的光要經過一點時間，才能充滿整個房間。

光每 1 秒鐘行進的距離大約是30萬公里，也就是說，光的速率（距離÷時間）約為秒速30萬公里（3 億公尺）。阿波羅太空船從地球出發之後，要經過 3 天左右才能抵達月球（距離地球大約38萬公里），而光只需要大約1.3秒就能抵達！

光行進的速率為聲音的90萬倍

聲音經常拿來和光做比較。**聲音在空氣中傳播的速率約為秒速340公尺。**我們從別人說出話到聽見聲音為止，幾乎不會感受到時間差。秒速只有340公尺左右的聲音尚且如此，更何況光的行進速率將近聲音的90萬倍，我們當然更不會感受到光要經過一點時間才能在空間中傳播開來。

光速壓倒性地快

以下為各種事物行進的速率與光速的比較。由此可知，無論和人類的奔跑速度、汽車、聲音、太空梭等相比，光都是壓倒性地快速。

人
秒速 約10公尺
（光速的3000萬分之1）

車
秒速 約100公尺
（光速的300萬分之1）

聲音
秒速 約340公尺
（光速的88萬分之1）

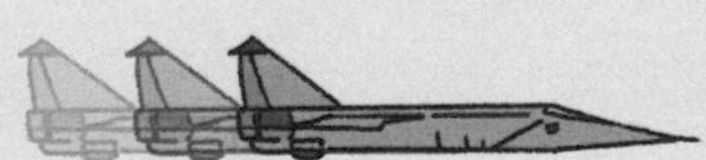

超音速飛機
秒速 約680公尺
（光速的44萬分之1）

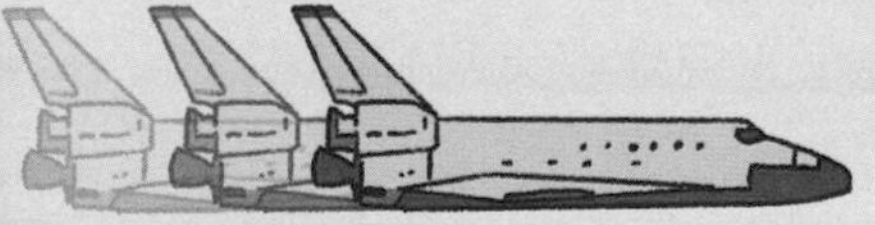

在宇宙空間中飛行的太空梭
秒速 約7,700公尺
（光速的3萬9000分之1）

光
秒速約300,000,000公尺

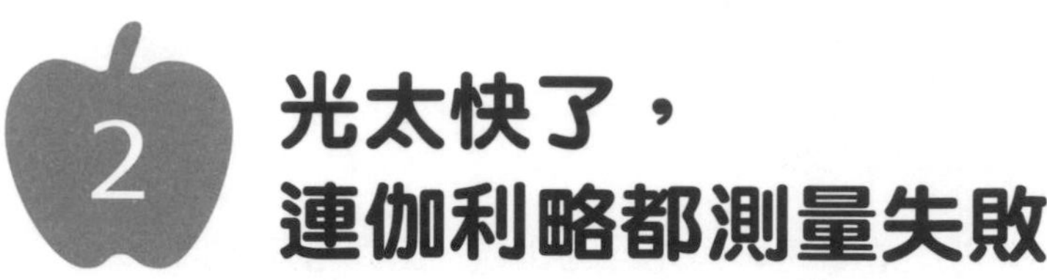

2 光太快了，連伽利略都測量失敗

利用提燈的光互相傳送訊號

第一個指出光的速率並非無限大，而是以某個有限的速率在行進的科學家，據說是活躍於16～17世紀的義大利物理學家兼天文學家伽利略（Galileo Galilei，1564～1642）。

伽利略希望能夠讓兩個人站在相隔遙遠的地方，利用提燈互相傳送訊號來測量光的速率。例如，假設在相隔５公里的地方，兩個人傳送的光訊號往返（表示光總共行進10公里）所用的時間為１秒，則光的速率為秒速10公里。

缺乏正確測量短暫時間的技術

就測量光速的方法而言，這個構想並沒有錯。**但是，伽利略無法利用這個方法測量出光速。**因為，光只需要大約10萬分之３秒（0.00003秒）的時間，就能往返５公里的距離（共行進10公里）。而在當時，並沒有任何技術能夠正確測量如此短暫的時間。

伽利略的構想

伽利略認為，如果測量光在相距數公里的兩個地點間往返所用的時間，即可計算出光的速率。這個構想並沒有錯，不過，由於缺乏用來測量短暫時間的精密技術，因此當年無法求出光的速率。

伽利略
（1564～1642）

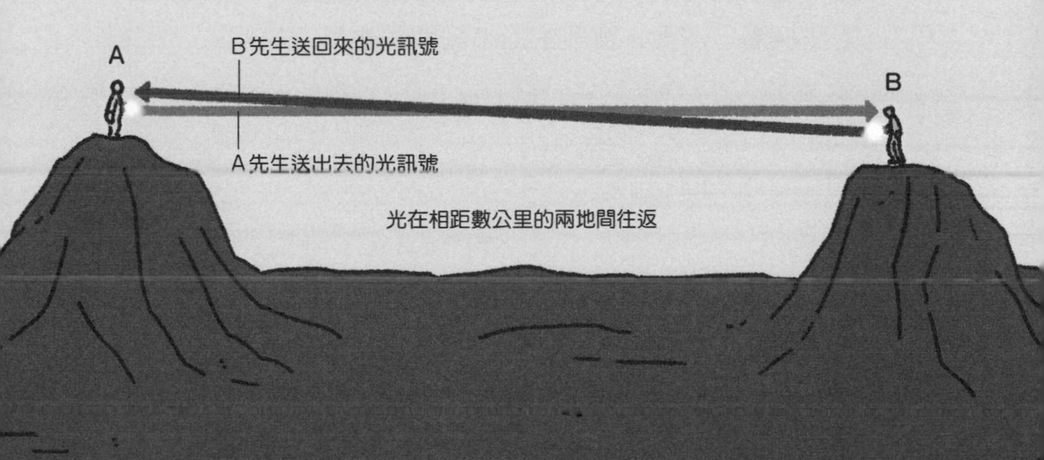

光在相距數公里的兩地間往返

3 17世紀時大致算出了光速

木星衛星隱入木星陰影裡的現象受到注目

那要怎麼做，才能測量光的速率呢？**丹麥天文學家羅默（Ole Rømer，1644～1710）利用木星的衛星木衛一（埃歐，Io）發生「食」（隱入木星陰影的現象）時，時間間隔會偏離原本固定時間的現象，成功求得光速的值。**

從地球上看到的木衛一食

本圖顯示在A時刻和B時刻的時候，從木衛一抵達地球的光之路徑。隨著地球從A時刻移動到B時刻的位置，當地球和木衛一的距離縮短，木衛一食發生的時間間隔也隨之縮短。

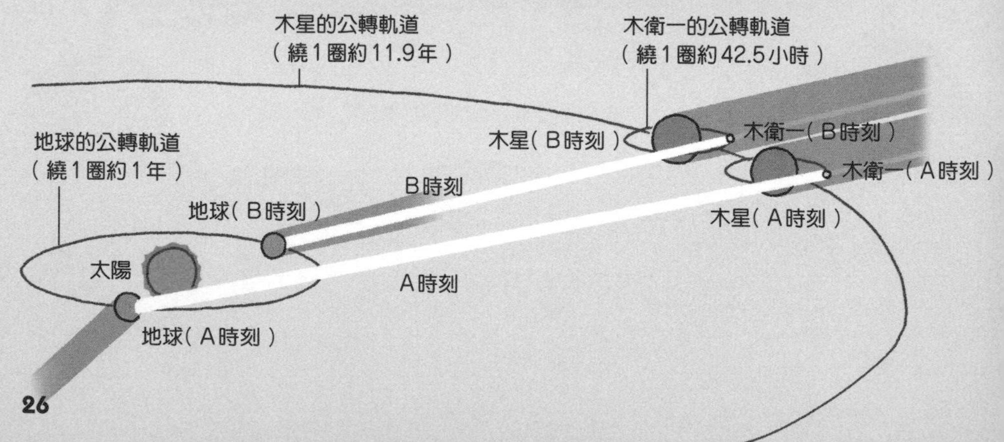

計算出光的秒速約為21.4萬公里

木衛一每隔42.5小時會繞行木星一圈，因此可以預估木衛一發生食時，也會是每隔42.5小時發生一次。但是，因為地球和木星的相對位置隨時都在變化，所以木衛一發生食的時間，偏離了原本的時間間隔。根據羅默的觀測，發現地球和木衛一處於最短距離和最長距離時，木衛一食的時間間隔，會從42.5小時偏離22分鐘。

這個22分鐘的時間，就是光從地球到木衛一的最短距離和最長距離的差（地球公轉軌道的直徑約為 3 億公里）所需要的時間。**羅默注意到這個現象，於1676年計算出光的秒速約為21.4萬公里。**

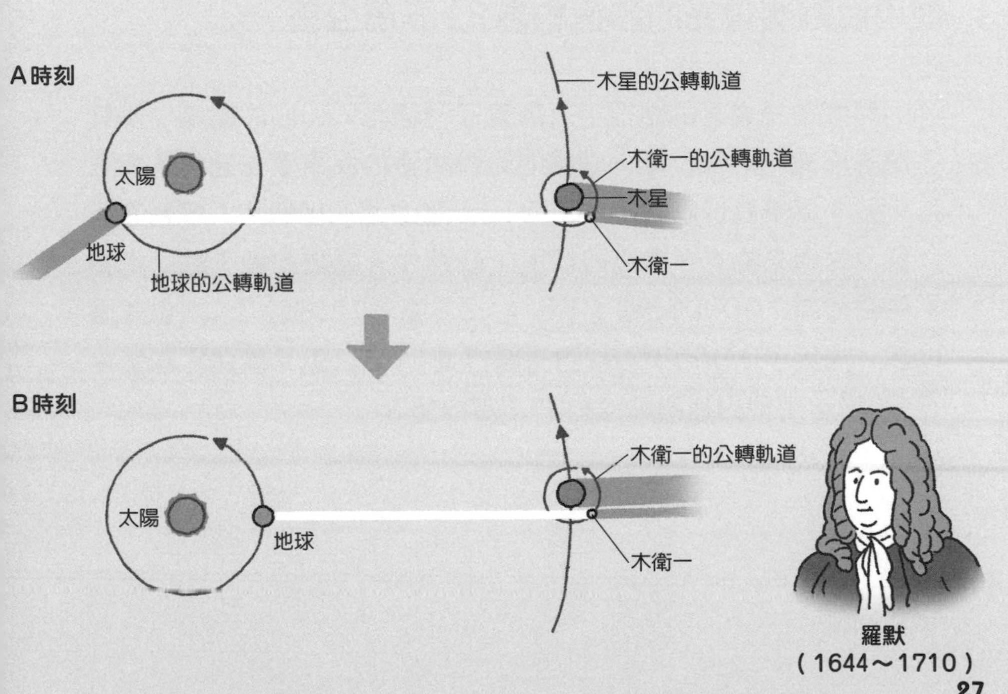

在19世紀藉由實驗正確得知光速

製造出觀測裝置，以及把光反射的裝置

全世界第一位使用實驗裝置成功測量出光速的人，是法國物理學家菲索（Hippolyte Fizeau，1819～1896）。菲索製造出類似望遠鏡的觀測裝置，以及能反射光的裝置（右頁插圖），再使光在其間往返。這段距離單程大約8.6公里（往返大約17.2公里）。

使用齒輪測得光的秒速約為31.5萬公里

菲索在光通過的路徑上，放置了一個有720齒的齒輪，使其高速旋轉。這麼一來，齒輪的齒會高速地反覆讓光通過或把光遮蔽。菲索發現當齒輪以每秒12.6圈的速率旋轉時，穿過齒隙又反射回來的光，會剛好被下 1 齒遮住。齒輪前進 1 齒所用的時間約為0.000055秒（1 秒÷12.6圈÷720個÷2）。也就是說，光用了0.000055秒的時間行進17.2公里。**於此，菲索在1849年測得光速為秒速約31.5萬公里。**

菲索測量光速的方法

菲索製造出光速測量裝置以觀測光穿過旋轉齒輪後再反射回來的時間。調整齒輪旋轉的速度，使反射回來的光剛好被齒輪往前轉進的下 1 齒遮住，便可依此求得光速的值。

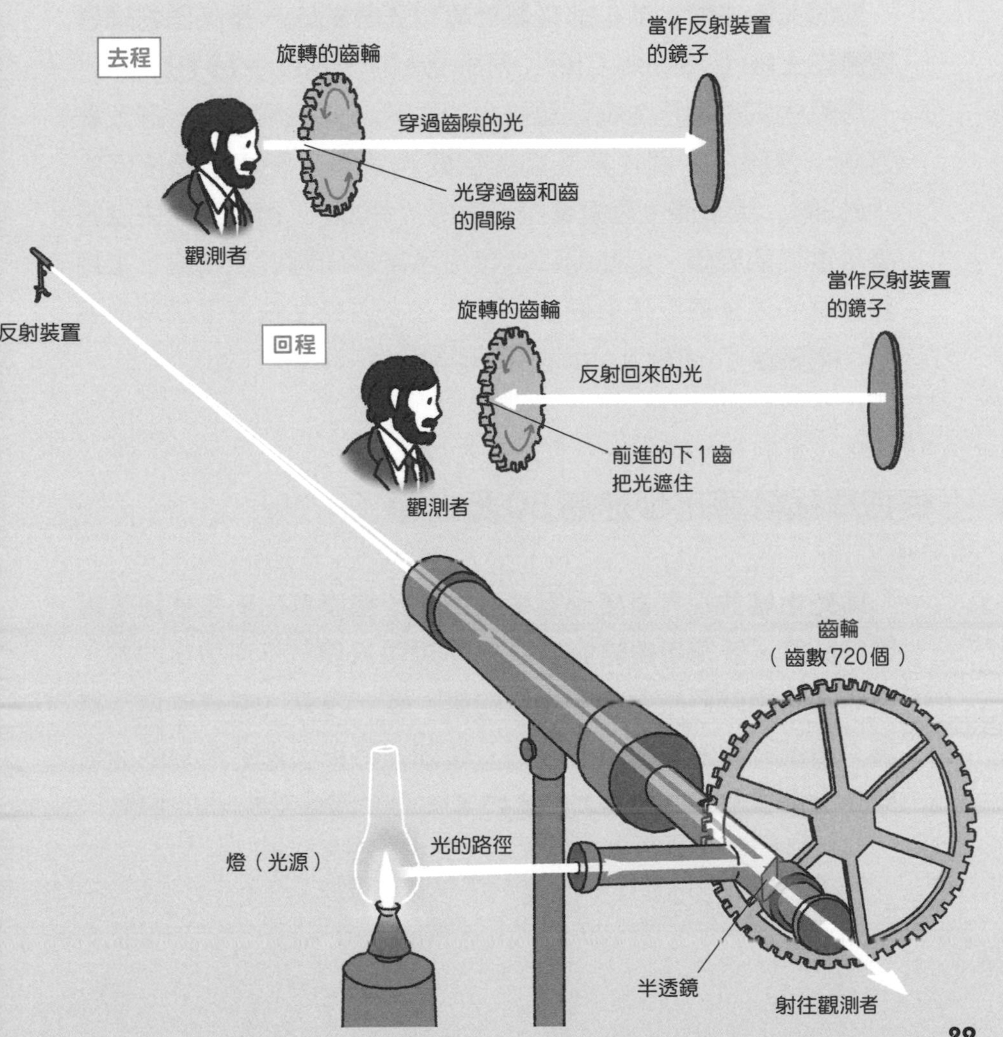

5 依據理論計算出光的速率

電場和磁場的連鎖效應如同波一樣行進

闡明光的本體，並依此理論計算出光速的人，是英國物理學家馬克士威（James Clerk Maxwell，1831～1879）。

馬克士威長期投入電流和磁力的研究。如果讓電流一邊改變方向一邊流動，則在其周圍的空間，會產生圍繞著該電流的「磁場」，接著產生圍繞著該磁場的「電場」，再繼續產生圍繞著該電場的磁場，如此連鎖地產生了電場和磁場。最終，電場和磁場的連鎖效應便會像波一樣行進。馬克士威把這種波命名為「電磁波」（electromagnetic wave）。

根據理論計算出秒速約30萬公里

馬克士威並沒有直接測量電磁波的行進速率，而是依據理論進行計算。計算所得的值為秒速約30萬公里。不可思議的是，這個值和當時已經明白的光速的值一致。馬克士威依此做出結論：電磁波和光是相同的東西。從伽利略指出光速是有限的值開始，過了兩個世紀以上，人們才明白光的速率和它的本質。

電磁波

馬克士威把電場和磁場連鎖產生的波命名為「電磁波」，依據理論計算出電磁波的行進速率約為秒速30萬公里，和光的速率相同。

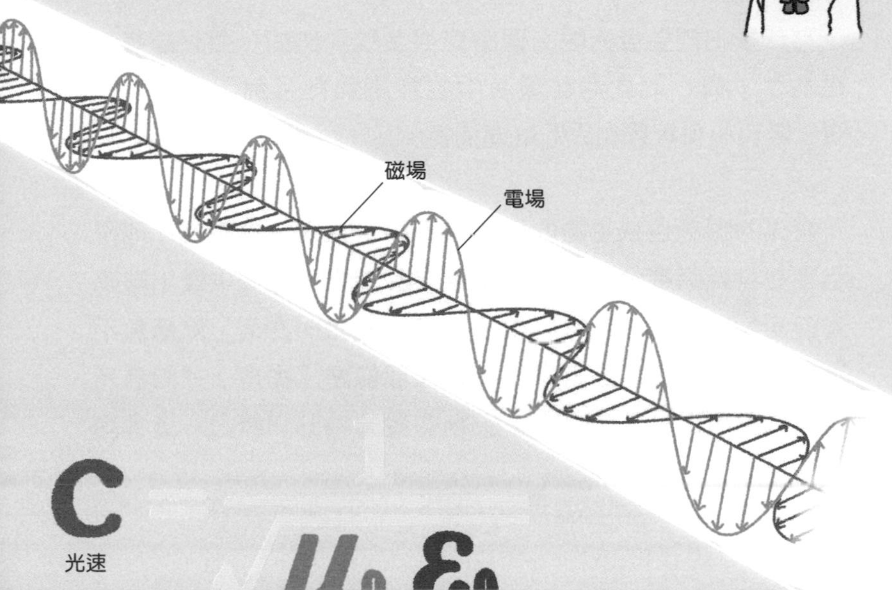

$$c = \frac{1}{\sqrt{\mu_0 \varepsilon_0}}$$

光速

真空磁導率（vacuum permeability）

真空電容率（vacuum permittivity）

會發光的生物

在各式各樣的生物當中，不乏會發光的種類。螢火蟲是我們相當熟悉的一個常見例子。除了螢火蟲之外，水母、烏賊、鯊魚，乃至蕈類及細菌等，發光生物存在的地域十分廣泛。**在一片漆黑的深海中，有 8 成以上的生物生活時都會利用發光的機制。**

為什麼牠們要發光呢？理由有很多種。例如，螢火蟲發光是為了求偶，而生活在深海中的鮟鱇魚則是利用光作為誘餌，吸引小魚等獵物靠近以便捕食。

發光的機制也依生物的種類而不同。以螢火蟲來說，牠是利用在身體尾端發生的化學反應來製造光，在海中發出神祕光芒的螢烏賊，也是採用相似的機制。**另一方面，鮟鱇魚不是自己製造光，而是利用住在牠頭部前方「提燈」裡的發光細菌所製造出光。**還有許多生物的發光機制和原因，迄今尚未闡明。

6 物體的速度通常會依觀測者而不同

從站在地面靜止不動的人來看，時速是200公里

從現在開始，將進一步探討光速的性質。不過在進入光的話題之前，先來瞭解一般物體的速度吧！**有一件很重要的事，請務必注意：即使是同一物體的運動，它的速度也會依觀看的人（觀測者）而有不同。**

想像一下，有一輛以時速100公里朝右行駛的列車，而坐在列車內的人，正在觀察一顆以時速100公里朝右投出的球（右頁插圖a）。**從站在車外地面靜止不動的人來看，球的速度要再加上列車的速度，所以球速是朝右時速200公里（100公里＋100公里）。**

從站在地面靜止不動的人來看，速度是0

接著，假設坐在列車內的人正在觀察一顆以時速100公里朝左投出的球（右頁插圖b）！從站在地面靜止不動的人來看，球的速度會變成0公里（100公里－100公里）。**也就是說，在地面上的人會看到球彷彿靜止不動。**不過實際上由於重力的緣故，會看到球像是往正下方掉落。因此，物體的速度會依觀測者而看起來不同。

速度的加法

在列車裡面投球，對站在地面靜止不動的人而言，球的速度是「列車的速度」加上「坐在列車內的人所看到的球速」的結果。

a. 在列車裡面，朝列車的行進方向投球

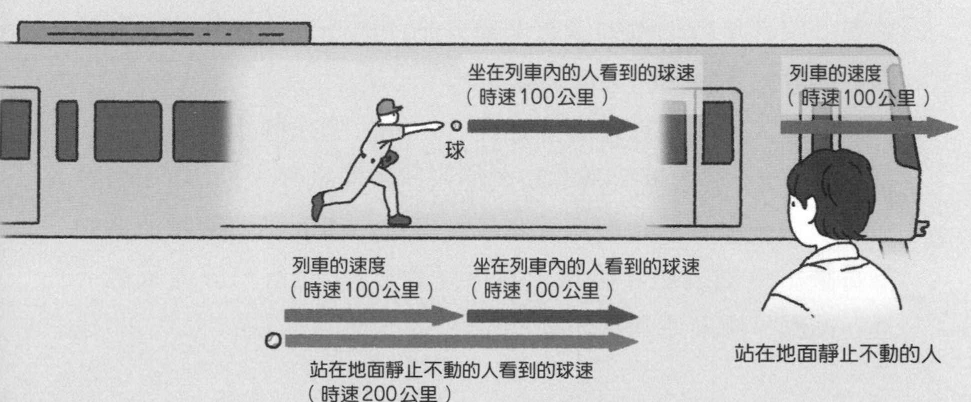

b. 在列車裡面，朝列車行進的反方向投球

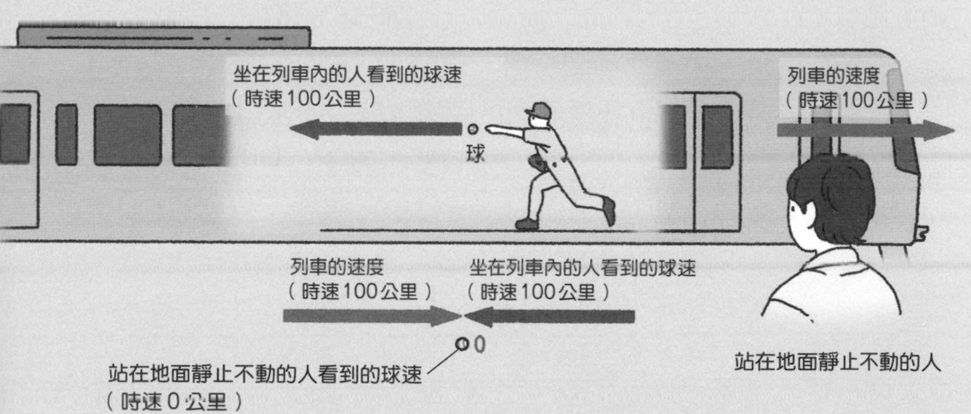

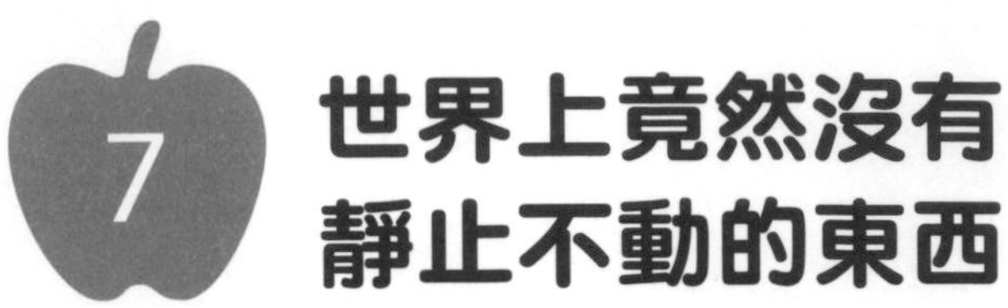

7 世界上竟然沒有靜止不動的東西

太陽繞行銀河系一圈需要2億年

在前頁，我們探討了站在地面靜止不動的人所看到的球速。那麼，只要所有物體的速度全都以站在地面靜止不動的人為基準，不就行了嗎？但事實並非如此。

以前的人認為地球繞著太陽運行，而太陽是靜止不動的（右頁插圖1）。不過，後來得知太陽只是銀河系裡大約2000億顆恆星中的一個而已。**銀河系本身在旋轉，而太陽隨著銀河系的旋轉繞行一圈需要2億年（右頁插圖2）。**而且，銀河系也一直在移動，漸漸地向其他星系靠近。

考慮靜止不動的地點並沒有意義

這麼說來，根本找不到任何一個靜止不動的地點囉？**愛因斯坦認為，想在宇宙中找尋靜止不動的地點是完全沒有意義的。**

地球和太陽都在動

地球繞著太陽運行，而太陽繞著銀河系中心運行，銀河系也和鄰近的星系互相吸引，一直在宇宙空間中移動。

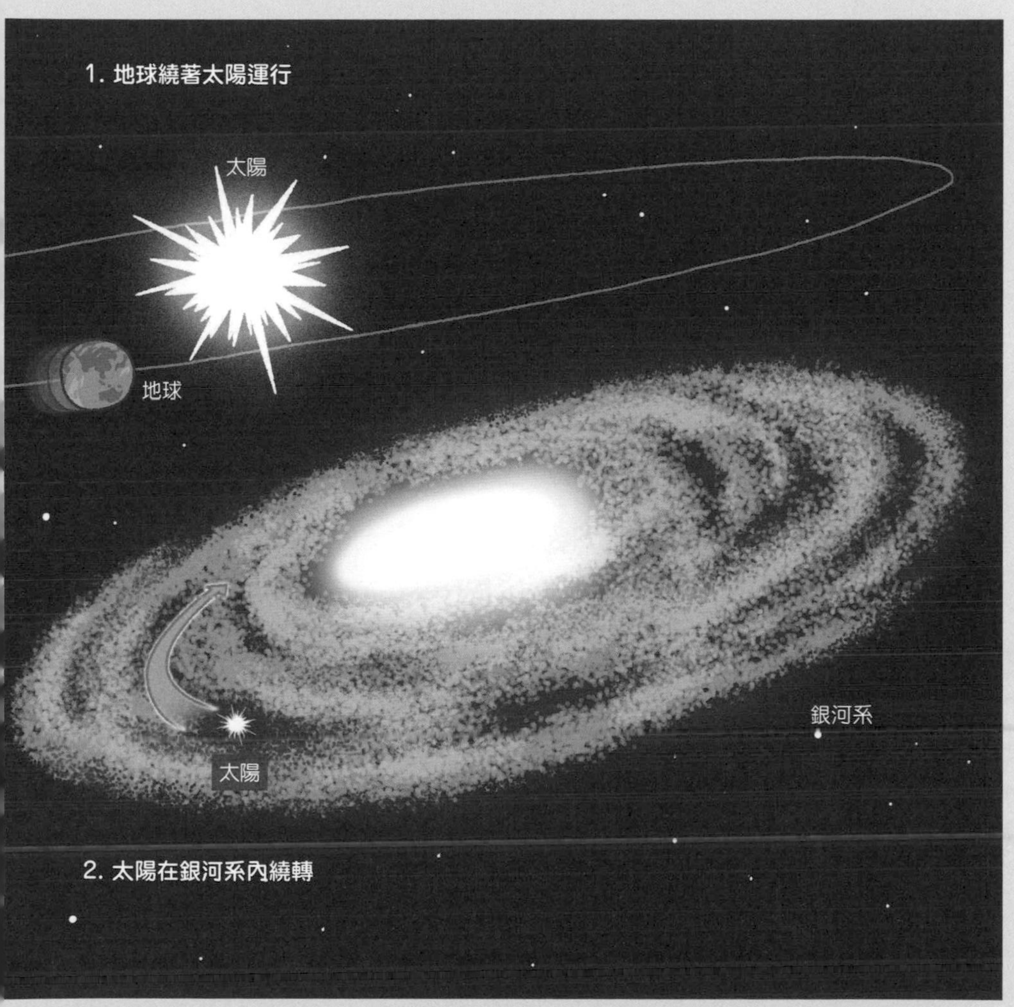

如果以光速追逐光，光看起來會是靜止的嗎？

如果和汽車的情況一樣，光應該也會看似靜止不動

「如果以光速飛行，能在鏡子裡看到自己的臉嗎？」這是在第10頁介紹過，愛因斯坦所提出來的疑問。

例如，有兩輛同樣都以時速100公里並排行駛的汽車，坐在其中一輛汽車內，觀看旁邊的那輛汽車，會覺得那輛汽車是靜止不動的（時速100公里－時速100公里＝時速0公里）。**若這個例子適用於光，光應該也會看似靜止不動。**

在電磁學的理論中，光速永遠不變

不過，愛因斯坦並沒有輕易接受這個光會看似靜止不動的想法。為什麼呢？因為根據第30頁中馬克士威的電磁學理論，會導出真空中的光速為「固定的值（常數）」。也就是說，根據電磁學的理論，無論條件如何，光速永遠保持秒速約30萬公里。**依照常識，如果觀測者本身在運動中，則速率應該能進行加減運算。但電磁學的理論認為，光速永遠保持秒速約30萬公里。這兩者之間顯然有所矛盾，而這也正是愛因斯坦對光抱持的疑問。**

光會看似靜止不動？

依照一般常識，如果以和光相同的速率追逐光，則兩者相減為零，光應該會看似靜止不動才對。但根據電磁學的理論，光速會永遠保持秒速約30萬公里。

靜止不動的人

光的秒速約30萬公里

和光同樣以秒速約30萬公里的速率移動的人

光速會變成秒速0公里？還是保持30萬公里？

9 光速無論從誰來看都會相同

愛因斯坦的結論是「光速不變原理」

愛因斯坦對於光速的疑問，最後得到了一個結論，那就是「光速不變原理」。

光速不變原理是指「無論光源以何等速率在運動，也無論測量光速的人（觀測者）以何等速率在運動，光在真空中的速率都不會改變」。**也就是說，光在真空中為秒速約30萬公里，這件事無論從誰來看都不會改變。**

光速不變原理正是相對論的基礎

如右頁插圖所示，無論光源和觀測者都靜止不動（1）、光源接近（2）或遠離觀測者，或是觀測者接近光源（3），光速的值都不會改變。更進一步來說，即使光源和觀測者兩者都在運動中（4），光速的值依然不會改變。**光速不變原理正是相對論的基礎，是一個非常重要的原理。**

光的速率永遠不變

如插圖1～4所示，無論處於哪一種狀況，光在真空中的速率永遠不會改變。無論光源是靜止或運動中，也無論觀測者是靜止或運動中，光速都不會改變。

1. 光源靜止，觀測者也靜止的狀況

從靜止的太空船發出光

光

觀測到的光速值為
299,792.458km/s

在宇宙空間中靜止不動的觀測者

2. 光源在運動，觀測者靜止的狀況

從快速飛行的太空船發出光

光

觀測到的光速值為
299,792.458km/s

在宇宙空間中靜止不動的觀測者

3. 光源靜止，觀測者在運動的狀況

從靜止的太空船發出光

光

觀測到的光速值為
299,792.458km/s

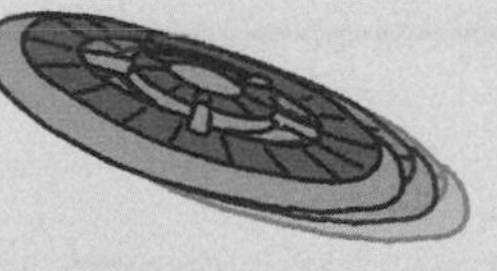

從快速飛行的大型太空船觀測光

4. 光源在運動，觀測者也在運動的狀況

從快速飛行的太空船發出光

光

觀測到的光速值為
299,792.458km/s

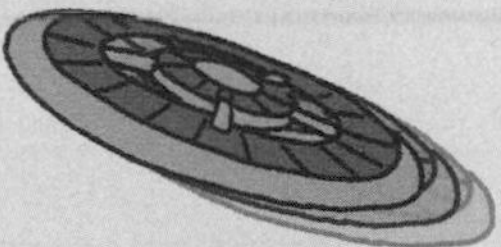

從快速飛行的大型太空船觀測光

10 光速是自然界最快的速度

任何物體都絕對無法超越光速

光速還有另一個非常重要的意義，**那就是「光速是自然界最快的速度，任何物體都無法超越光速」。**

右頁插圖中，對在宇宙空間中靜止不動的愛麗絲而言，光以秒速30萬公里行進著。另外，有一架太空船載著鮑伯以秒速24萬公里和光飛往相同的方向。

永遠無法追上光

根據光速不變的原理，從太空船上看到的光速，並非秒速6萬公里（秒速30萬公里－秒速24萬公里），而仍然是秒速30萬公里。

因此，無論太空船把速度提升到多快，都永遠追不上光。這個例子意指想要超越光速是不可能的事情。

追逐光的太空船

插圖所示為從追逐光的太空船所看到的光速。光的速度並不適用於速度的加法和減法，無論太空船以多快的速度追逐光，光始終是以秒速30萬公里離船而去。

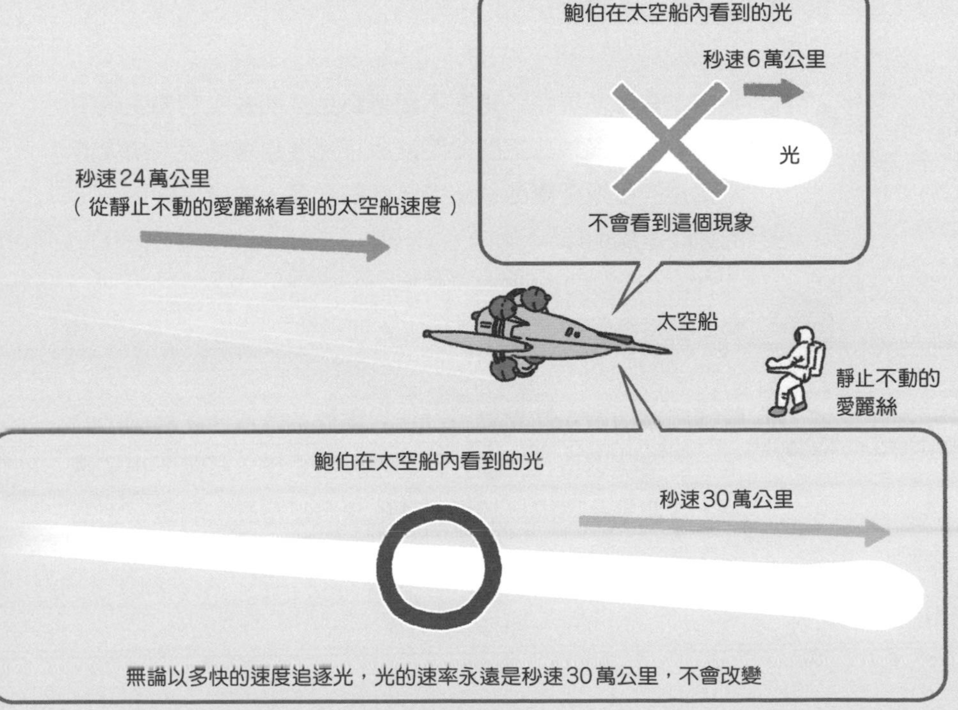

博士！
請教一下!!

真的無法超越光速嗎？

博士，請教一下，光速是自然界最快的速度對吧？沒有任何東西能跑得比光更快？

沒錯！沒有任何東西能跑得比光還快。不過，如果是距離地球非常遙遠的星系，它們倒是正在以超過光速的速度遠離地球而去哦！

這是什麼意思呢？

宇宙中有許多星系，正在不斷遠離地球而去。它們遠離的速度和它們與地球之間的距離成正比。也就是說，如果非常遙遠的星系距離地球超過一定的程度，就會以超過光速的速度遠離地球。

咦？星系移動的速度可以超過光速嗎？

解釋起來稍微有點複雜……。其實並不是星系在移動，而是宇宙空間本身在膨脹，因此帶動星系往外移動。也就是說，並非星系真的以超過光速的速度在移動，而是宇宙空間膨脹的速度超過光速。

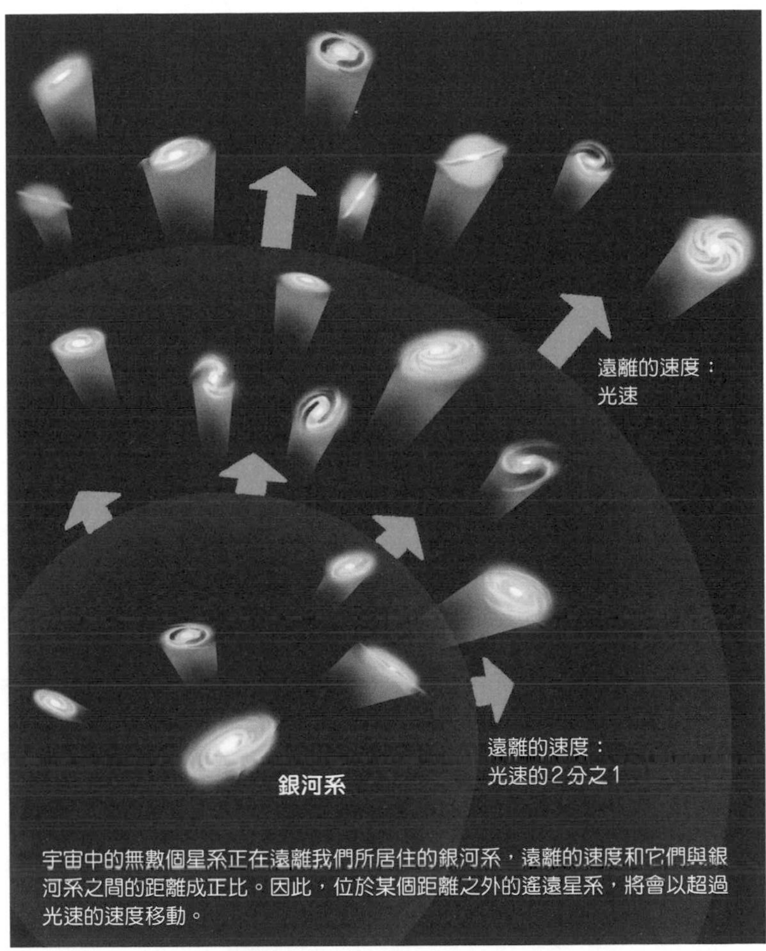

宇宙中的無數個星系正在遠離我們所居住的銀河系，遠離的速度和它們與銀河系之間的距離成正比。因此，位於某個距離之外的遙遠星系，將會以超過光速的速度移動。

喜歡獨處的兒童時期

愛因斯坦於1879年3月14日在德國出生

愛因斯坦在兒童時期喜歡一個人獨自玩耍

媽媽是一位鋼琴家，也是他的音樂啟蒙者

13歲時開始接觸莫札特，從此積極地勤練小提琴

此外，愛因斯坦也很喜歡解答叔叔提出的數學和科學問題

上了中學之後，他非常用心鑽研別人送給他的歐幾里德幾何學

而且，他在16歲之前，靠自己學會了微積分

孤獨的愛因斯坦

愛因斯坦15歲時，父親經商失敗，公司破產了
被競爭對手打敗了！

你要好好念書哦
大家保重
家人前往義大利的米蘭找工作。但愛因斯坦為了求學，繼續留在德國

愛因斯坦不喜歡學校，而且受不了寂寞，似乎患了精神疾病……
好寂寞……

他輟學並與家人團聚。後來重拾書本，1896年就讀於瑞士蘇黎世理工學院
我不要一個人啦～

2. 狹義相對論：時間與空間的新理論

根據第1章的「光速不變原理」，推導出「時間與空間會延長或縮短」的狹義相對論。在第 2 章，來看看把時間和空間的概念大幅革新的狹義相對論吧！

1 牛頓所思考的絕對時間與絕對空間

在任何地點都會以相同速率進行的「絕對時間」

愛因斯坦於1905年發表狹義相對論，推翻了關於時間和空間的傳統常識。那麼，相對論之前的「常識」究竟是什麼樣的概念呢？

英國天才物理學家牛頓（Isaac Newton，1642～1727）在他所著的《自然哲學的數學原理》中，提出了「絕對時間」和「絕對空間」的概念。絕對時間是指「不受任何事物的影響，在任何地點都會以相同速率進行的時間」。把時鐘帶到宇宙的任何一個角落，時鐘進行的步調（例如1秒鐘的進行方式）都不會改變。

在任何地點，空間中的長度都會相同的「絕對空間」

而絕對空間是指「不受任何事物影響，永遠保持靜止的空間」。無論在宇宙的哪個角落，空間中的長度（例如1公尺的長度）都會相同。**時間的進行方式和空間中的長度無論何時、對誰來說都相同，牛頓所主張的這個概念，就是以往物理學的普遍「常識」。**

絕對時間和絕對空間

以配置在空間中各個地點的時鐘代表牛頓所認為的絕對時間。無論對誰來說，時間的進行方式都一樣。以方正而井然有序的格子表示絕對空間。

牛頓
（1642～1727）

愛因斯坦所思考的相對時間與相對空間

無論對誰來說都相等的事物是「光速」

根據牛頓所構思的「牛頓力學」，時間的進行方式和空間中的長度，無論對誰來說都是相等且絕對。這個概念歷經200年以上，人們始終深信不疑。

另一方面，愛因斯坦所發表的狹義相對論中，無論對誰來說都相等且絕對的事物是「光速」，時間的進行方式和空間中的長度，則是相對的事物。

時間和空間會延長或縮短

「相對」意指必須依據和誰（或什麼）做比較才能決定。**也就是說，時間的進行方式和空間中的長度，會依所參照的人或物而延長或縮短！**

相對時間和相對空間

配置在空間中各個地點的時鐘分別顯示出不同時刻，代表愛因斯坦所認為的「相對時間」。以不同地點具有不同長度的扭曲格子，表示「相對空間」。

時間和空間會延長，也會縮短

傳統的概念會牴觸光速不變原理

狹義相對論主張時間和空間會延長，也會縮短，**這個理論的關鍵就在於光速不變原理。**

右頁的插圖中，一架以秒速10萬公里行進的太空船前端發出光。從太空船裡面的鮑伯來看，1秒鐘後，光會行進到太空船前方約30萬公里的地方。不過，從在宇宙空間中靜止不動的愛麗絲來看，由於太空船在這1秒鐘裡行進10萬公里，所以光似乎行進了約40萬公里（約30萬公里＋10萬公里）。但這樣對於愛麗絲來說，光速就變成約秒速40萬公里。也就是說，牴觸了光速不變原理。

只能增減距離或時間

速度可以依據「行進距離」÷「所需時間」來計算。因此，如果要滿足即使從在宇宙空間中靜止不動的愛麗絲來看，光速仍然保持秒速約30萬公里的條件，就只能增減光的「行進距離」與「所需時間」了。**也就是說，如果不允許時間和距離隨著觀測者的立場而延長或縮短，就無法讓光速對任何人來看都相同。**

從太空船發出光的例子

從一架以秒速10萬公里行進的太空船前端發出光。若要讓太空船裡面的鮑伯和在宇宙空間中靜止不動的愛麗絲所看到的光速都相同，就必須讓時間和空間隨著觀測者的立場而延長或縮短。

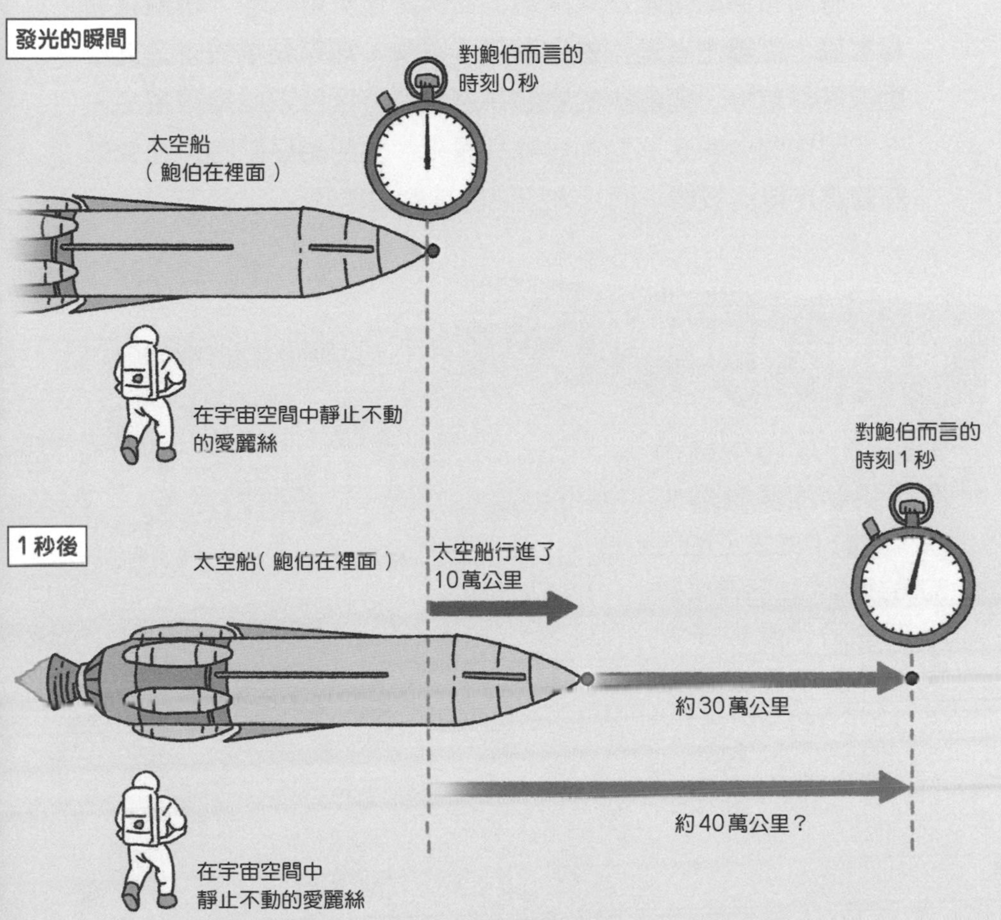

4 高速運動的人，時間會變慢，空間也會縮短

時鐘的走動看起來會變慢，而長度看起來會縮短

「時間和空間會延長或縮短」到底是什麼意思呢？**根據狹義相對論，從觀測者看到的運動速度越快，則運動中的時鐘其走動會變得越慢，運動中的物體長度會沿著運動方向縮得越短。**在宇宙空間中靜止不動的愛麗絲看來，太空船移動時，裡面的時鐘會走得比較慢，而且太空船的長度會縮短。

從愛麗絲看到的鮑伯

本圖為從宇宙空間中靜止不動的愛麗絲來看，運動中的太空船內的時鐘和太空船長度看起來會是什麼樣子。太空船的速度分別為光速的60%、99%、99.9%。

不過，時間延遲和物體縮短，只有在速度達到秒速數萬公里以上的時候，才能看到這樣的效果。日常生活中的速度由於效果太小，所以我們察覺不到。

以光速的99%行進的太空船，其長度看起來只有0.14倍

想像一下，有架太空船以光速的99%正在行進。**在宇宙空間中靜止不動的愛麗絲手上的時鐘走了10秒後，從她的立場來看，太空船內的時鐘只走了1.4秒而已。**這是因為太空船內的時鐘變慢了。此外，從她來看，太空船的長度也會縮短到靜止長度的0.14倍。

2. 太空船的速度為光速的99%

鮑伯的時鐘

只經過1.4秒

鮑伯

太空船的速度
（光速的99%）

太空船長度
縮短為0.14倍

光速

愛麗絲的時鐘

經過10秒

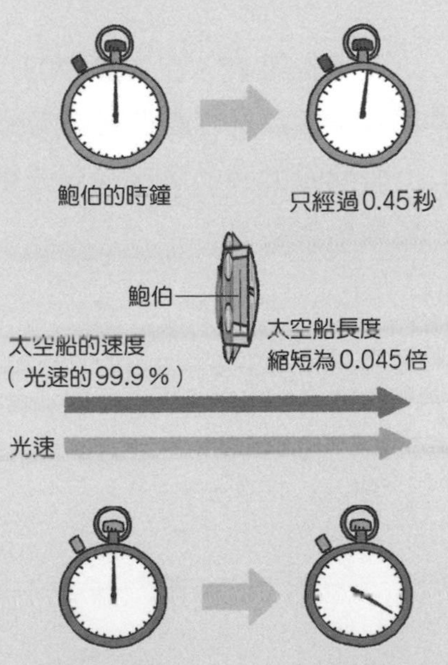

5 靜止不動的人，時間會變慢，空間也會縮短

從鮑伯來看，在運動的人是愛麗絲

接下來，從鮑伯的角度來思考前頁的狀況。在第34頁中提到，物體速度會依觀測者的立場而不同。**從太空船內的鮑伯來看，在運動的人是宇宙空間中的愛麗絲，自己和太空船則是靜止不動。**對鮑伯而言，無論是時間的進行或周遭物體的長度都和平常一樣，完全沒有改變。

時間延遲和長度縮短是相對的

從鮑伯來看，在運動中的人是愛麗絲。愛麗絲的時鐘會走得比較慢，且身體會沿著橫向縮短。

時間延遲和長度縮短會依觀測者的立場而不同，也就是說，這是相對的。

從鮑伯看到的愛麗絲

本圖所示為從太空船內的鮑伯來看，身處宇宙空間中的愛麗絲的時鐘和身體會變成什麼樣子。太空船的速度為光速的99%。

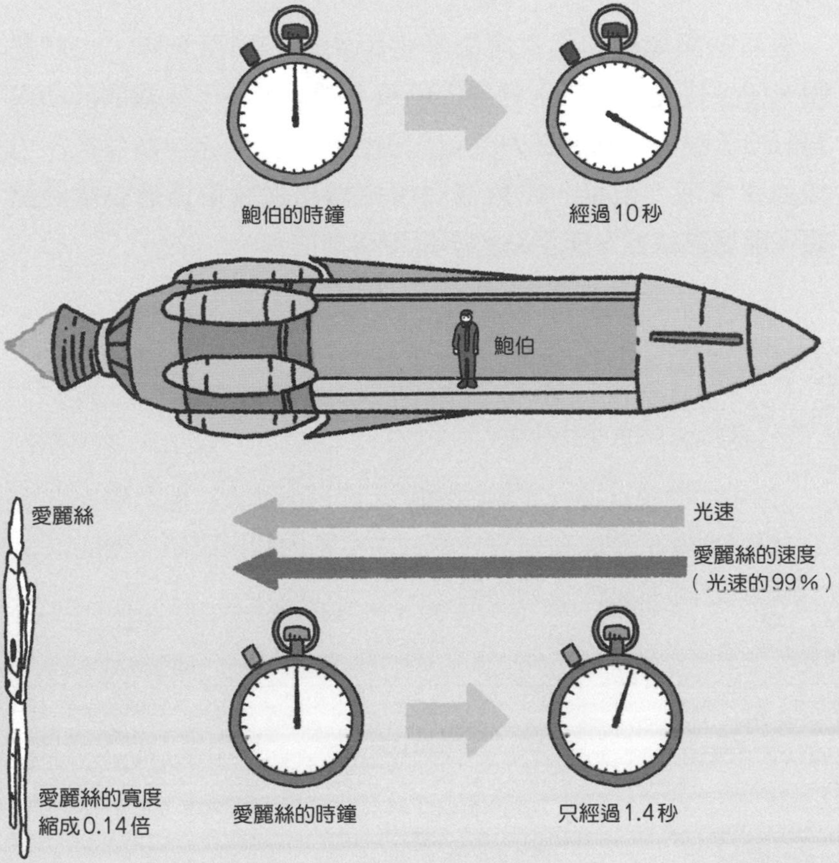

鮑伯的時鐘

經過10秒

鮑伯

愛麗絲

光速

愛麗絲的速度
（光速的99%）

愛麗絲的寬度
縮成0.14倍

愛麗絲的時鐘

只經過1.4秒

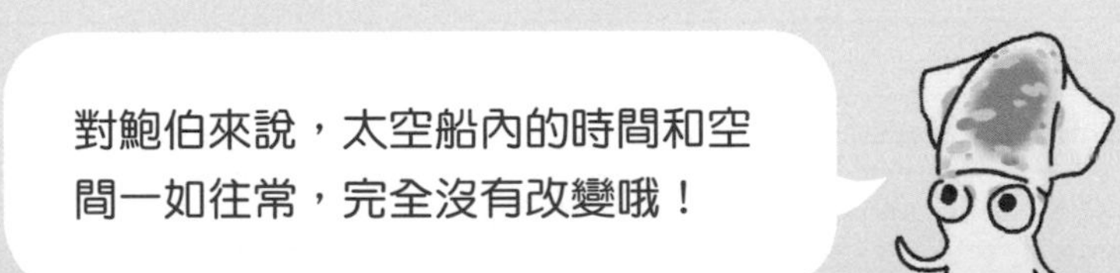

對鮑伯來說，太空船內的時間和空間一如往常，完全沒有改變哦！

利用空間會縮短的效應，無論多遠的地方都能前往

想去仙女座星系也沒有問題

銀河系與隔壁的仙女座星系相距大約230萬光年。也就是說，如果以光速飛行，需要230萬年才能抵達。人類的壽命只有100年左右，想要在有生之年前往仙女座星系，應該是不可能的事情吧！**但是，如果能利用根據相對論所造成的空間縮短，那麼前往仙女座星系也不是不可能的事。**

太空船抵達的距離

如果太空船以接近光速的速度行進，則從太空船內的人來看，周圍的空間會縮短。對於太空船內的人來說，便能以較短的時間抵達遙遠的星系。

從地球看到的 太空船速度	從太空船看到的 空間縮短	太空船飛行100年能 抵達的距離 （從地球看到的距離）
光速的99％	原來長度的0.14倍	約700光年
光速的99.9％	原來長度的0.045倍	約2200光年
光速的99.99％	原來長度的0.014倍	約7100光年
光速的99.999999％	原來長度的0.00014倍	約71萬光年
光速的99.9999999999％	原來長度的0.0000014倍	約7100萬光年

根據原理，無論多遠的地方都能去

如果有架太空船，能以接近光速的速度飛行，那麼對太空船內的人來說，外部的空間會縮短，所以銀河系與仙女座星系間的230萬光年也會縮短。只要太空船的速度夠快，兩者的距離或許能縮短到100光年以內。所以理論上想要在有生之年前往仙女座星系，也是有可能辦到的事。

不只仙女座星系，只要能夠無限接近光速，理論上無論多遠的地方都能夠抵達。不過，要打造出一架能以接近光速的速度飛行的太空船，在現實上是不可能做到的事。但至少，無論多遠的地方都能抵達，這件事在理論上並不令人訝異吧！

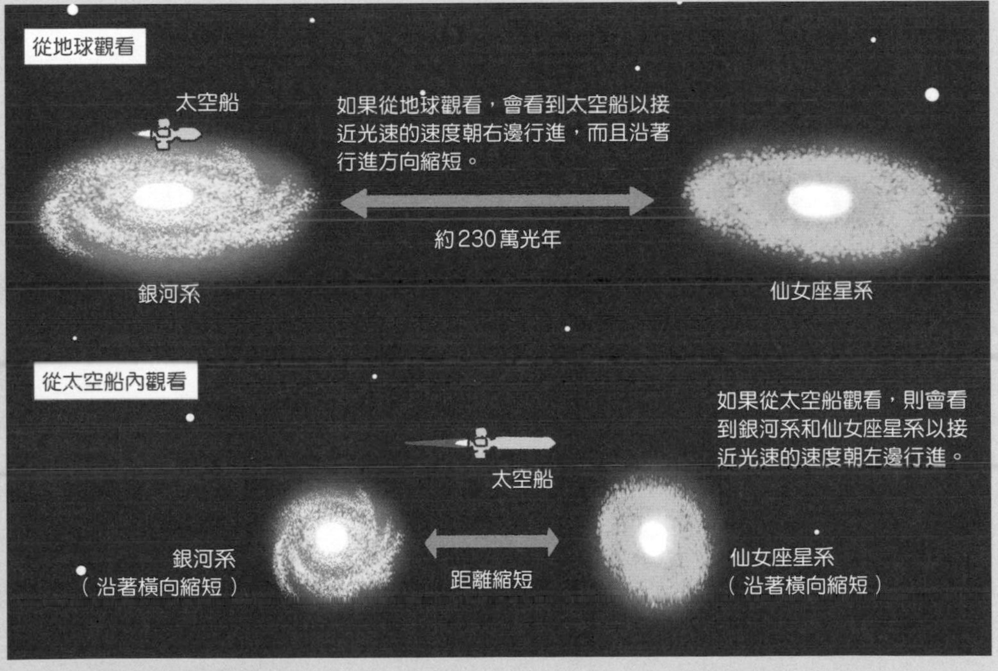

獵豹速度裡的祕密

獵豹是地表上移動最快的動物之一，**牠的速度可以達到時速110公里。**奧運100公尺短跑選手的最高速度僅有時速45公里左右，而獵豹的速度是他的２倍以上。只要被獵豹盯上，就很難逃離牠的魔掌。

獵豹的強項，並非單純地快速而已，**牠的加速也十分驚人。**從靜止狀態加速到時速100公里，只需要短短的３秒鐘，足以匹敵超級跑車。除此之外，急速轉向和緊急減速也是牠的看家本領。

獵豹擁有４條長腿和柔軟的背脊。奔跑的時候，會把背脊從彎曲的狀態瞬間完全伸展開來，使整個身體宛如彈簧一般，藉此產生奔跑所需的巨大力量。奔跑時，跨一步可長達７公尺遠。

光無論朝哪個方向都是以相同的速率行進

狹義相對論也顛覆了「同時」的常識

前面介紹的內容，是根據愛因斯坦的狹義相對論來說明時間和空間會延長或縮短。但是，被它推翻的常識並不僅止於此，**狹義相對論還顛覆了關於「同時」的常識。**

光會同時抵達左右兩側的偵測器

右頁插圖中，有一架太空船以接近光速的速度朝右方行進，船的中間設置了一個光源。在光源左右兩側相同距離的地方，分別裝設一部光的偵測器，接著使該光源同時朝左右兩側發出光。**由於無論從誰來看，光速都相同，與方向無關，所以從太空船內的鮑伯來看，朝左右兩側發出的光，會同時抵達左右兩部偵測器。**

那麼，如果從在太空船外面靜止不動的愛麗絲來看，光源發出的光會是什麼情況呢？我們將在下一節來思考這個問題。

在太空船內所見光的行進狀態

如圖所示，從太空船內的中間點朝左右兩側發出光。此時，發出的光會在同一時刻分別抵達左右兩部偵測器。

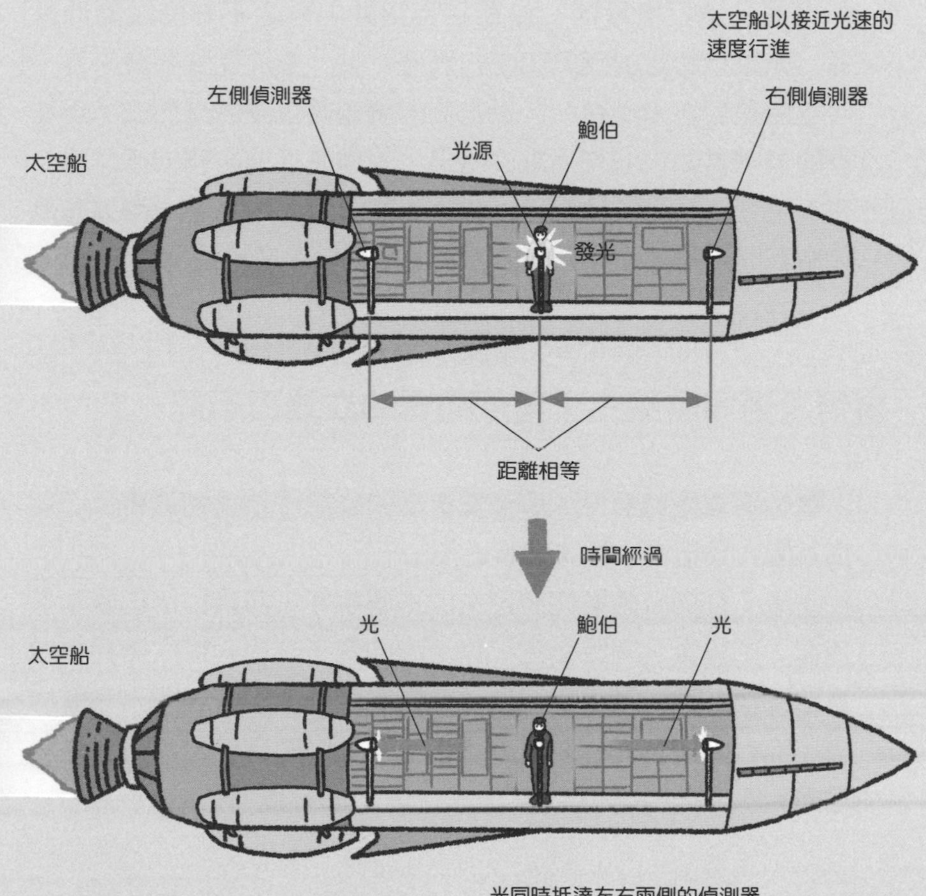

8 對於運動者的同一時刻，對於靜止者卻不是同一時刻

從愛麗絲來看，光會先抵達左邊的偵測器

根據光速不變原理，從在宇宙空間中靜止不動的愛麗絲來看，光是以固定的速度朝左右兩邊行進。由於從愛麗絲來看，太空船是朝右邊行進，所以右側的偵測器在遠離光而去，而左側的偵測器則是迎光而來。結果，光會先抵達左側的偵測器，然後才抵達右側的偵測器。**也就是說，對鮑伯而言，兩道光是同時抵達，但是從太空船外的愛麗絲來看，卻不是同時抵達。**

事情是否同時發生，會依觀看的立場而不同

事情是否同時發生，會依觀看者的立場（依運動速度）而有所不同。這稱為「同時的相對性」。

不過，在同一地點同時發生的兩個事件，無論對哪個觀測者而言，都確實會同時發生。以上面的例子來說，從太空船中的鮑伯來看，是一個光源（同一地點）同時朝向左側和右側發出光，而從太空船外的愛麗絲來看，也是同時朝左右兩個方向發出光。

在太空船內所見光的行進狀態

從太空船外的愛麗絲來看，太空船朝著右邊行進，所以光不是同時抵達左右兩側的偵測器。

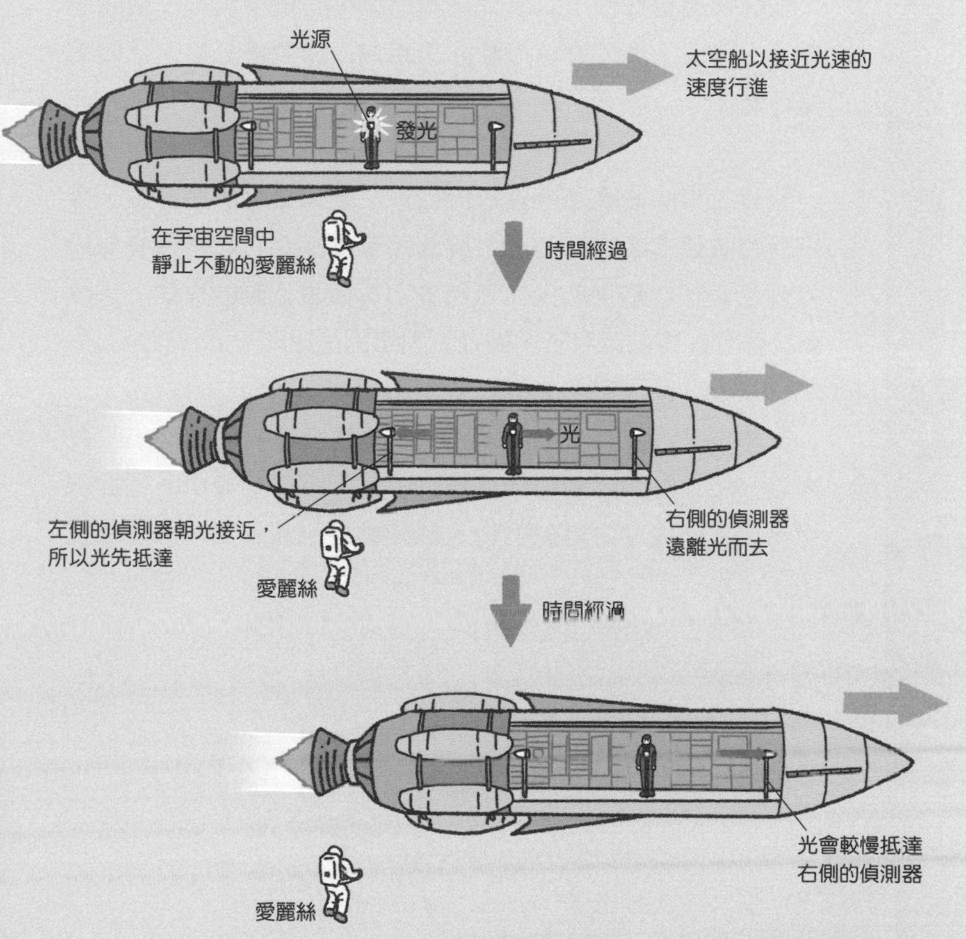

光不是「同時」抵達左右兩側的偵測器

坐在火車裡，時間會縮短？

根據狹義相對論，如果以高速移動則時間會延遲、空間會縮短。那麼，坐在高速行駛的火車內，時間會延遲、空間會縮短嗎？

假設火車的速度為時速200公里。**依照這個速度計算，火車裡的時鐘比起車站月台上靜止不動的時鐘，每秒會慢100兆分之 2 秒左右。**此外，以時速200公里行駛的火車，長度會比停靠在車站月台時，縮短約100兆分之 2。

火車的速度比起光速（秒速約30萬公里）可說是小巫見大巫，所以時間延遲和空間縮短的效果都非常微小。因此很可惜地，**站在車站月台上的人無法察覺到通過的火車正在縮短。**

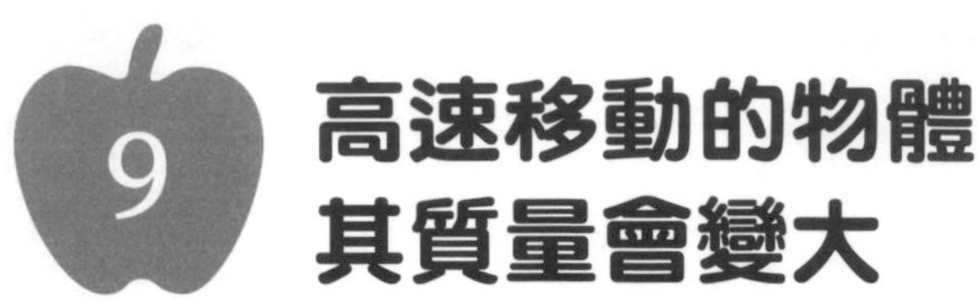

9 高速移動的物體其質量會變大

即使給予能量，電子也無法達到光速

從這裡開始，來看看根據狹義相對論所推導出關於物體質量的性質。

假設有一個靜止的電子，給予能量E，使它加速到光速的86.6%（1）。依據狹義相對論的計算，即使再次給予相同的能量E，也只能使其速度再增加光速的7.7%（2）。然後，**再次給予相同的能量E，則只能使其速度再增加光速的2.5%（3）；接下來是增加1.2%，增加量會越來越小，永遠無法達到光速。**那麼，沒有用在加速上的能量，去了哪裡呢？

因電子的質量增加而抵消了力的效果

施加的力越大，加速的量越大；但質量越大，則加速的量越小。在上面的例子中，給予能量即相當於對電子施力。沒有依照所施的力而加速，是因為電子的質量增加，抵消了力的效果。**根據狹義相對論，物體越接近光速則越難加速，也就是說，質量會逐漸增加。**越接近光速，質量會持續增加而趨於無限大。

進行加速電子的實驗

對靜止的電子給予能量，使其加速。即使把能量增加為 2 倍、3 倍，但速率並不會增加為 2 倍、3 倍。這是因為隨著電子越來越接近光速，質量也變得越來越大。

1. 對靜止的電子給予能量E

質量為靜止時的2倍
電子的速度為光速的86.6%
能量
加速器
利用電能把電子加速到接近光速。
靜止的電子

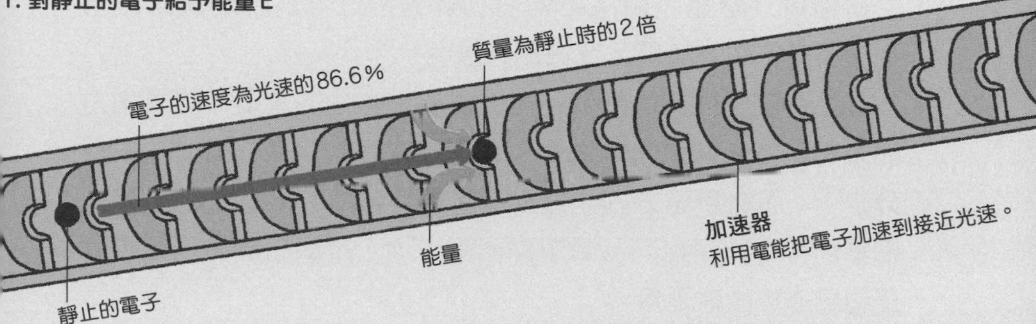

2. 總投入的能量2E

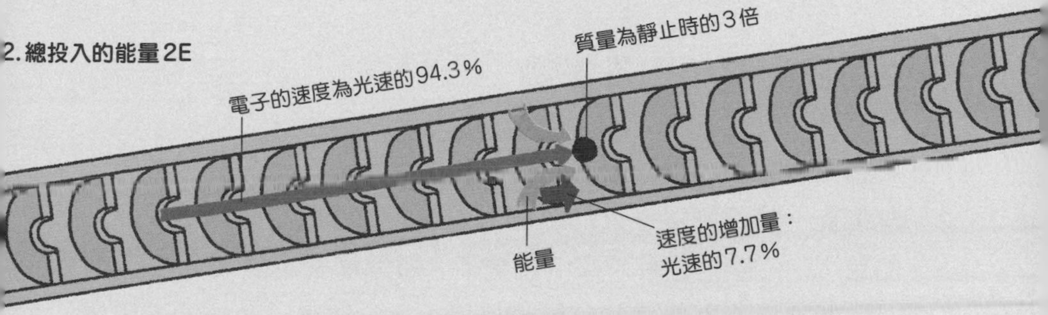

質量為靜止時的3倍
電子的速度為光速的94.3%
能量
速度的增加量：
光速的7.7%

3. 總投入的能量3E

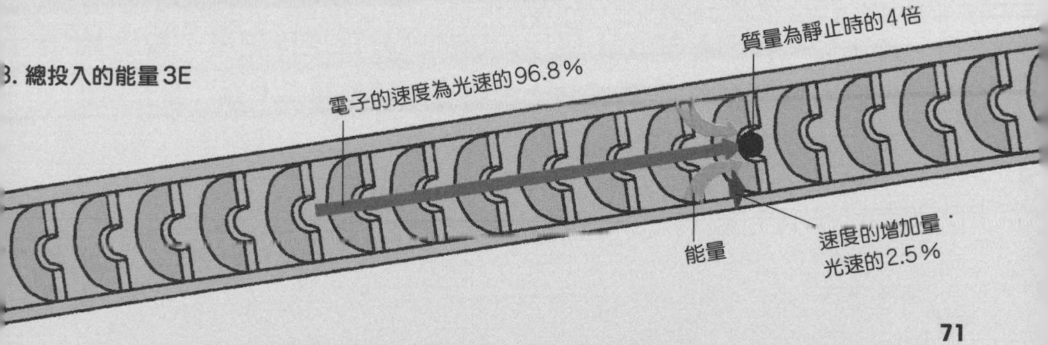

質量為靜止時的4倍
電子的速度為光速的96.8%
能量
速度的增加量：
光速的2.5%

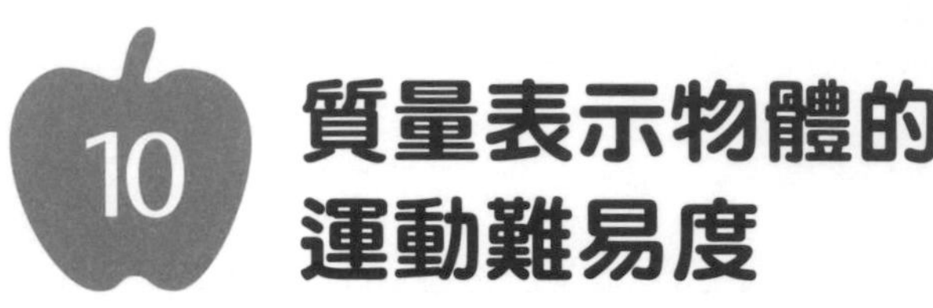

10 質量表示物體的運動難易度

物體的質量無論在哪裡都不會改變

在前頁介紹過，如果把物體加速到接近光速，則質量會增加。那麼所謂的質量，究竟是什麼呢？

質量和重量其實是兩個不同的概念。物體的重量會隨著重力而改變，例如在重力較弱的月球上，重量會變成在地球上的6分之1；而在無重力的太空站裡，則變成0。另一方面，無論把物體帶到什麼地方，質量都不會改變。**所謂的質量，可以說是物體運動的難易度。**

質量大的鉛球不容易移動

右頁插圖中，撞球台上有許多顆形狀及大小一模一樣的球，其中有一顆是質量很大的鉛球。如果要從這麼多顆球當中找出鉛球，在不能把球拿起來的前提下，該怎麼做呢？

只要把母球對所有的球輪流碰撞一遍，觀察每顆球的滾動情形，就能找出鉛球了！質量較小的球被母球撞到後，會迅速地滾出去（A），**但質量較大的鉛球則較不容易滾動（B）。**因此，質量越大的物體越不容易運動。

撞球與鉛球

本圖所示為撞球台上，使母球撞擊一般球的狀況（A）和撞擊鉛球時的狀況（B）。鉛球的質量很大，所以不太容易滾動。

A. 母球撞擊一般球時

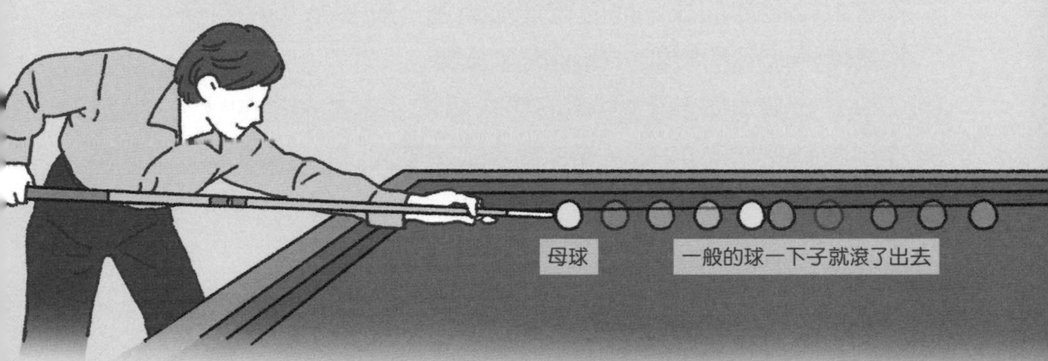

B. 母球撞擊鉛球時

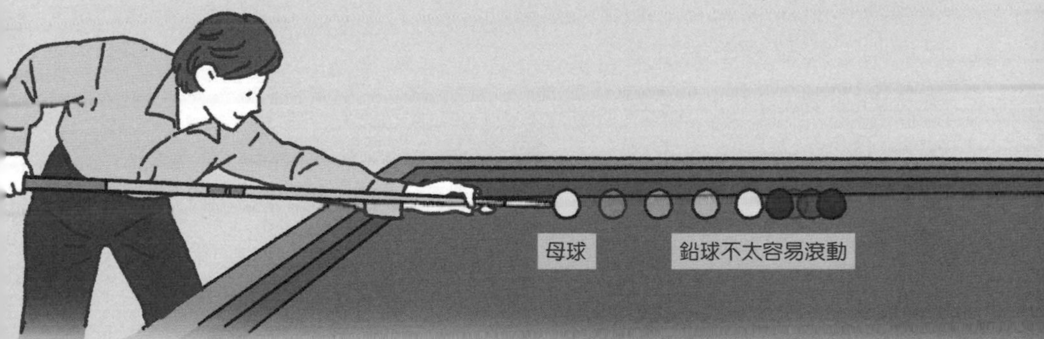

11 質量可轉換成能量，能量可轉換成質量

能量不是以速率的形式儲存，而是質量

在第70頁介紹過，對接近光速的物體施加能量，這個物體並不會大幅度地加速，而是會增加質量。根據狹義相對論，此時物體所接收到的能量，轉換成了質量。

下方插圖中顯示了對A和B這兩個電子施加能量的狀況，A電子加速到光速的99%，而B電子加速到光速的99.9%。如果使

使電子撞擊牆壁的實驗

對A電子和B電子施加能量，使它們分別加速到光速的99%及99.9%。雖然速度沒有相差多少，但若使兩者撞擊牆壁，撞擊產生的能量卻有極大的差別。B電子比A電子多的能量，是以質量的形式積存起來。

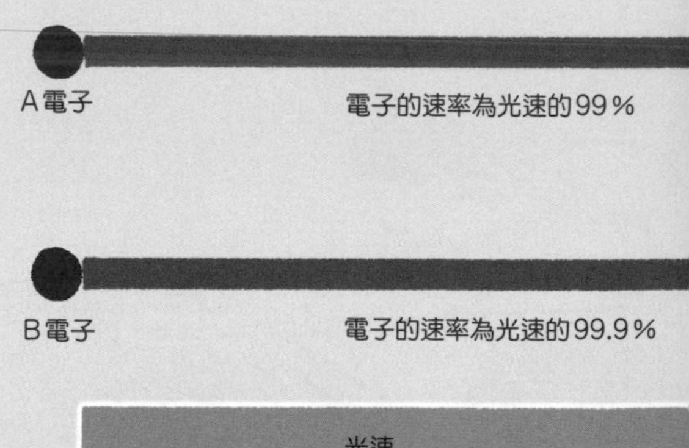

這兩個電子撞擊牆壁，則B電子的撞擊能量將是A電子的3.5倍左右。**也就是說，B電子比A電子多的能量，並不是以速率的形式，而是以質量的形式積存起來了。**

鈾減少的質量轉換成相應的電能

也有和上述相反的例子。其中之一，就是在核能電廠中發生之鈾的核分裂反應。在這個反應的前後，鈾減少了極微小的質量，這是因為質量減少的部分轉換成為相應的電能。

像這樣，能量可以轉換成質量，質量也可以轉換成能量。**亦即可以說「質量和能量是相同的東西」。**

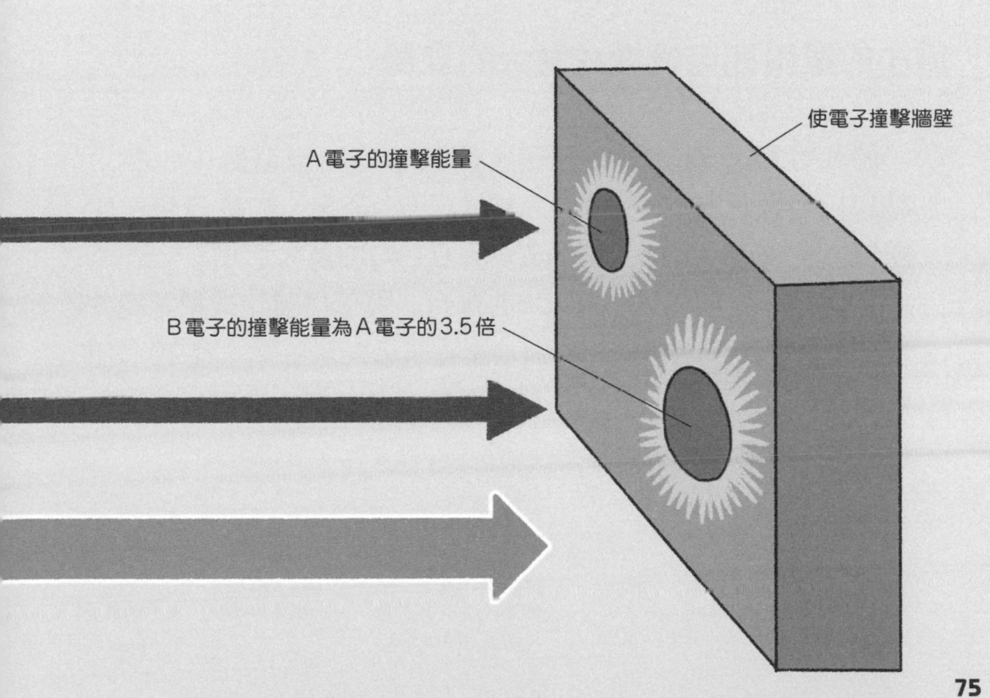

12 把質量和能量結合在一起的「$E=mc^2$」

光速的2次方是連結能量和質量的橋梁

前頁中介紹了「能量和質量是相同的東西」。**把這個關係用方程式來表示，就是狹義相對論的著名公式「$E=mc^2$」，其中E為能量，m為質量，c為光速。**

在長久以來的科學史中，一直將能量和質量當成不同的東西來看待。但在「$E=mc^2$」這個公式中的c^2發揮了橋梁的功能，把一直以來分別處理的能量E和質量m連結在一起。

微小的質量即可轉換成龐大的能量

現在介紹一個計算的例子。假設在核能發電廠中，利用鈾的核分裂反應，把10公克鈾（0.01公斤）的質量轉換成能量。依據$E=mc^2$，能量E為0.01×30萬×1000×30萬×1000※，亦即能量E為900兆焦耳。這個能量足以把等同於埃及古夫王金字塔體積（約260萬立方公尺）的水，從20℃加熱到100℃。**$E=mc^2$中的c^2這個數，代表微小的質量也能轉換成龐大的能量。**

※：這裡必須把長度的單位統一為公尺。光速為秒速30萬公里，因此要乘上1000，把它的單位從公里轉換為公尺。算式中30萬×1000的部分即為光速c。

靜止的物體也具有能量

可以說$E=mc^2$指出了靜止不動的物體也具有能量的概念。這個公式闡明物體即使不是處於運動狀態中，只要它具有質量，就蘊藏著能量。

13 宇宙始於$E=mc^2$

宇宙肇始之際沒有物質存在

「$E=mc^2$」這個公式說明能量可以轉換成質量。**而從能量轉換成質量，或許就是宇宙最先發生的事。**

宇宙肇始之際，沒有任何可稱之為物質的東西存在。宇宙只是一片真空，其中充滿了本體不明的能量。這個能量促使宇宙本身急遽地膨脹，稱為「暴脹」(inflation)。

促使宇宙急遽膨脹的能量轉換成為質量

但是，暴脹突然結束了。**促使宇宙急遽膨脹的能量，藉由$E=mc^2$轉換成質量，宇宙中就如此誕生了物質。**這稱為大霹靂(Big Bang)。

藉由大霹靂誕生的物質，後來歷經138億年的宇宙歷史，造就出現今的宇宙萬物，也包括地球和我們的身體。愛因斯坦的關係式似乎也說明了我們是從何處而來。

物質的誕生與 $E=mc^2$

在宇宙誕生的初期，宇宙中充滿能量，並沒有任何物質存在。在某個時候，藉由 $E=mc^2$，從能量誕生了具有質量的粒子（物質）。隨著宇宙的溫度徐徐冷卻，粒子漸漸聚集在一起，形成了原子等的構造。

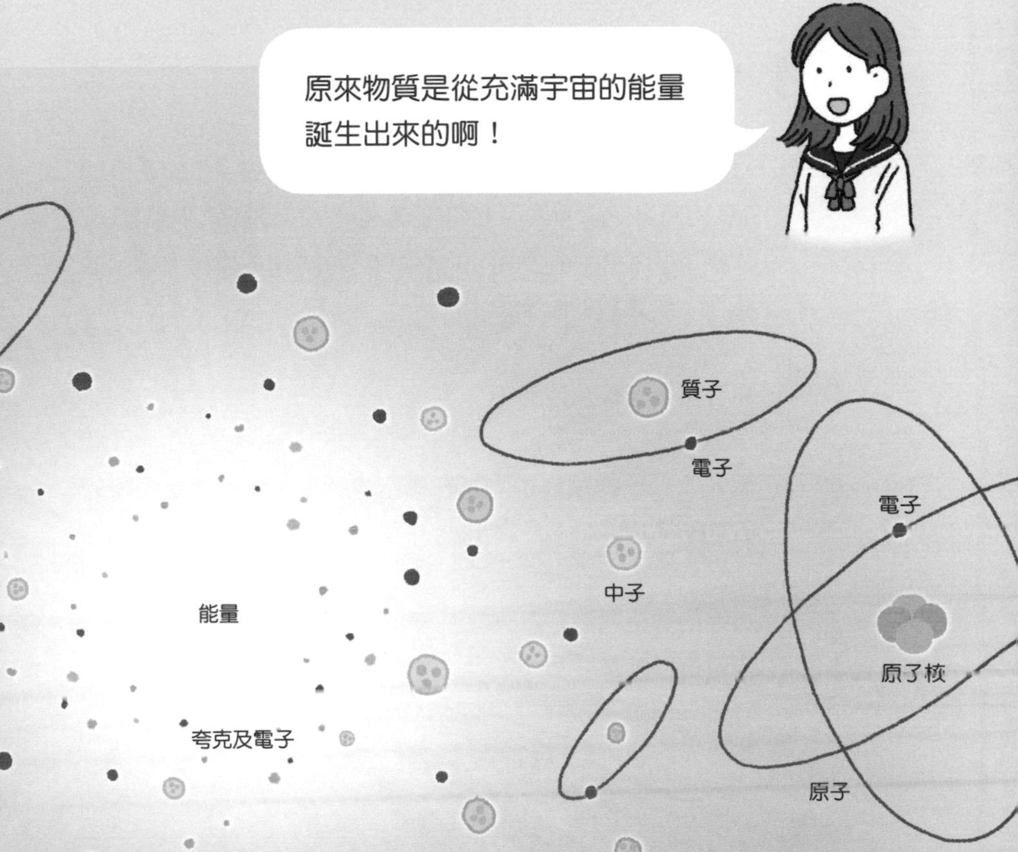

博士！
請教一下!!

1公尺是如何制訂出來的？

長度的單位是公尺。那你知道1公尺的長度是如何制訂出來的嗎？

咦？我沒想過這個問題耶！

以前曾把1公尺的長度制訂為北極到赤道的子午線長度的1000萬分之1。到了17世紀末期，改為製造「國際公尺原器」（international prototype metre）作為1公尺的基準，發送給各個國家。

現在不是這樣決定的吧？

現在1公尺的定義是「光在真空中行進1秒鐘所走距離的2億9979萬2458分之1」。

長度的單位竟然是以光為基準啊！不過，怎麼會訂成這麼複雜古怪的數字呢？

這是為了要符合以前的定義。

原來如此！

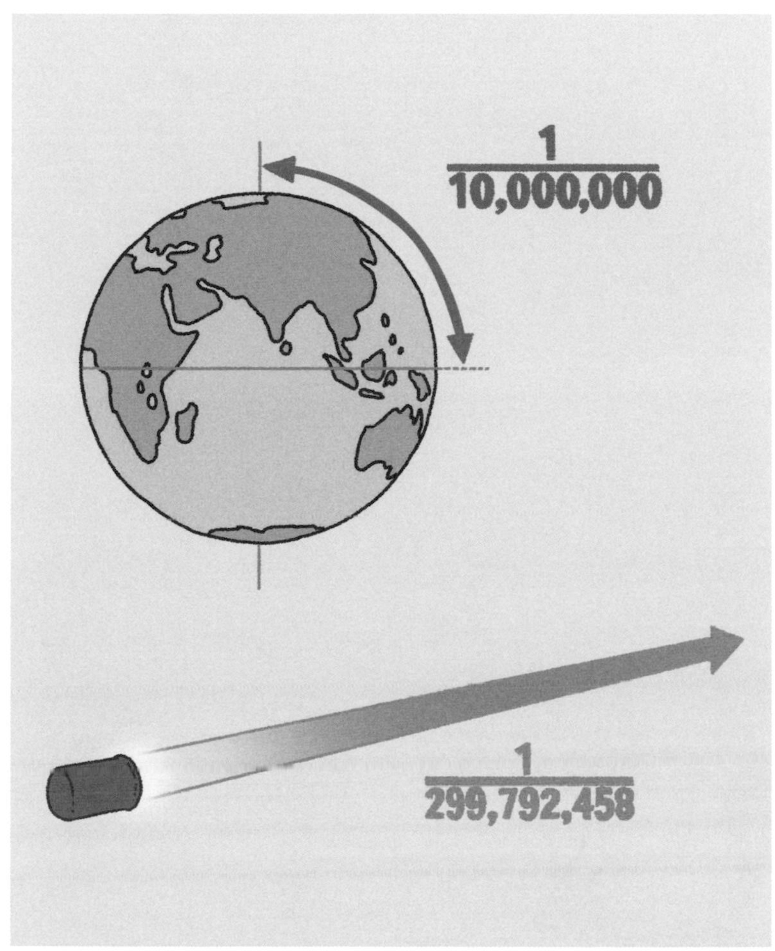
1
10,000,000
1
299,792,458

3. 廣義相對論：重力的新理論

自狹義相對論發表後，過了10年，愛因斯坦將這個理論再擴充進化，完成了「廣義相對論」。廣義相對論是探究重力本質的新理論。在本章，將會介紹廣義相對論。

1 牛頓所思考的萬有引力

萬物藉由依質量及距離而定的萬有引力互相吸引

在愛因斯坦之前，重力是依據牛頓的萬有引力定律來說明。**這個定律主張「所有物體藉由萬有引力互相吸引，且引力的大小依物體的質量及距離而定」。**蘋果之所以會掉落地面，是因為地球藉由萬有引力把蘋果拉向地面。但是，牛頓並沒有說明為什麼會產生萬有引力。

萬有引力定律和狹義相對論有所矛盾

一般認為，即使相隔一段距離，萬有引力也能在瞬間發生作用（以無限大的傳遞速度發生作用）。**這和依據狹義相對論的「光的速度有限，沒有任何東西能比光速行進更快」的概念有所矛盾。**此外，依據萬有引力定律的計算結果和觀測結果之間出現了微妙的差異，使得萬有引力定律的破綻開始逐漸浮現。

因此，愛因斯坦把狹義相對論進一步擴充發展，希望能完成重力的理論。就這樣，在發表狹義相對論的10年之後，完成了「廣義相對論」。

萬有引力定律

牛頓認為具有質量的東西，全都會藉由萬有引力互相吸引。即使相隔一段距離，萬有引力也能在瞬間發生作用（以無限大的速度傳遞）。

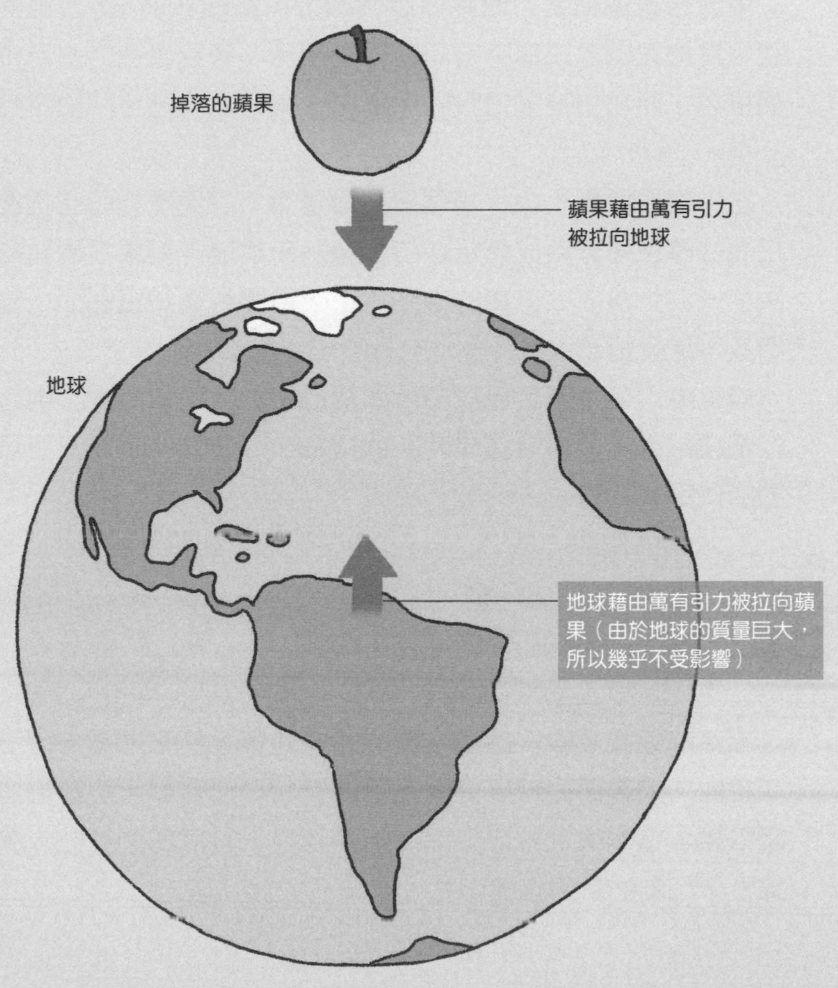

愛因斯坦認為重力是時間和空間的扭曲

扭曲的時空宛如「放著鉛球的橡膠片」

廣義相對論把重力的本質解釋為「時空的扭曲」。所謂的時空，是物理學上統稱時間和空間的用語。時空以重力源為中心而扭曲，而物體被重力源吸引過去，就好像物體往凹陷處掉落一樣。

在右頁的插圖 1 中，兩個天體分別造成其周圍的時空扭曲。扭曲的時空可以用放著鉛球的橡膠片來比喻，如果把兩顆鉛球隔著一段距離放在真實的橡膠片上，橡膠片會被扭曲而下陷，導致鉛球互相靠近。

同樣地，重力是時空扭曲所引發的現象。質量越大，則時空的扭曲越大。質量會造成時空的扭曲，而時空的扭曲會引發重力的作用。

行星受到時空扭曲的影響而公轉

右頁的插圖 2 中，由於太陽的巨大質量，使其周圍的時空發生扭曲。**太陽系的行星受到這個時空扭曲的影響，於是繞著太陽公轉。**這個情況就類似把一顆彈珠投入缽狀凹洞裡時，彈珠會沿著凹洞的斜面打轉一樣。

依據廣義相對論闡釋重力

愛因斯坦認為時空的扭曲會引發重力，而太陽系裡行星的公轉也是受到時空扭曲的影響。這個主張和牛頓的萬有引力定律並不相同。

1. 具有質量的天體使周圍的時空扭曲

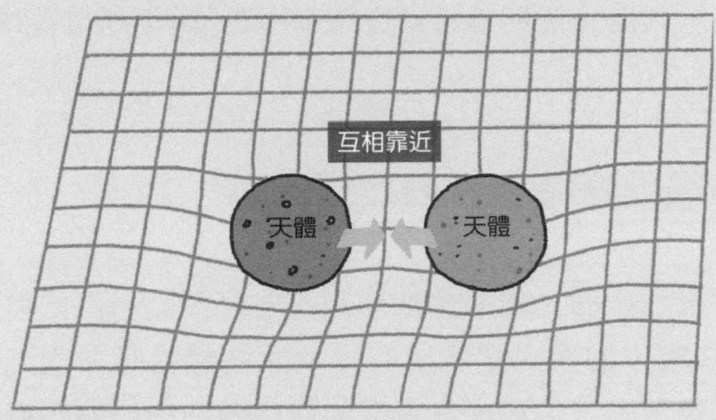

2. 地球受到太陽造成的時空扭曲影響而公轉

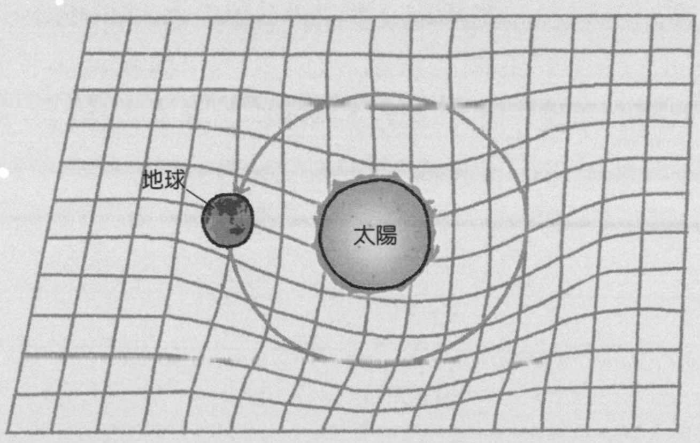

藉由光的彎曲證明了時空的扭曲！

時空的扭曲能夠實際驗證

根據廣義相對論，我們居住的時空若是在質量巨大的物體旁邊時也會大幅扭曲。時空的扭曲無法實際感受，也無法正確地描繪。**但是，利用光便能夠透過實驗及觀測證明時空的扭曲。**

光的行進路徑沿著時空扭曲而彎曲

如果時空沒有扭曲，恆星朝地球傳來的光便能筆直地抵達地球（1）。那麼，如果太陽發出的光，插進恆星傳來的光中，會變成什麼情況呢？**由於太陽旁邊的時空會些微扭曲，所以光的行進路徑會沿著這個時空扭曲而彎曲（2）。**由於我們會認為光應該是筆直傳來，因此我們所看到的天體位置，其實偏離了真正的位置。英國天文學家愛丁頓（Arthur Eddington，1882～1944）所率領的觀測團隊，在1919年實際確認了這種天體目視位置的偏離，從而證明了廣義相對論的正確性。而且，位置偏離的程度也符合廣義相對論的預測。

在太陽旁邊轉彎的光

如果時空沒有扭曲，光會筆直行進抵達地球（1）。若是由於太陽質量的影響，造成時空扭曲，則光會沿著這個扭曲而彎曲行進（2）。

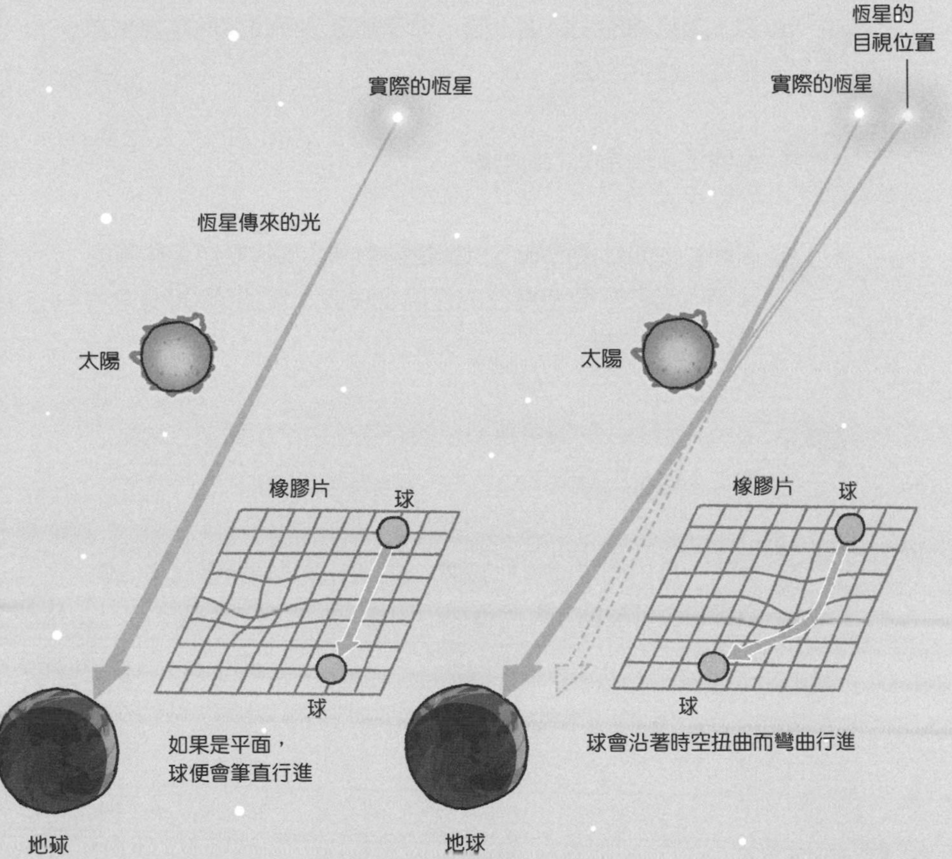

博士！
請教一下!!

人也能扭曲時空嗎？

博士！根據廣義相對論，凡是具有質量的物體，它周圍的時空都會扭曲對吧？那麼，我周圍的時空也是扭曲的嗎？

對！是扭曲的沒錯喔！咦，你不知道我們身體周圍的光都是彎曲行進的嗎？

是嗎！？我完全不知道欸！

呵呵呵！開玩笑的啦！就算是擁有像太陽這麼巨大質量的天體，光在它旁邊彎曲的程度也只有 1 度的3600分之 1 而已，非常微小。

那麼，因為我的質量所造成的時空扭曲，小到在日常生活中根本感覺不到囉？

沒錯！我們周遭的任何物體，都會由於具有質量而造成時空扭曲，但扭曲的程度都微小到人們根本無法察覺。

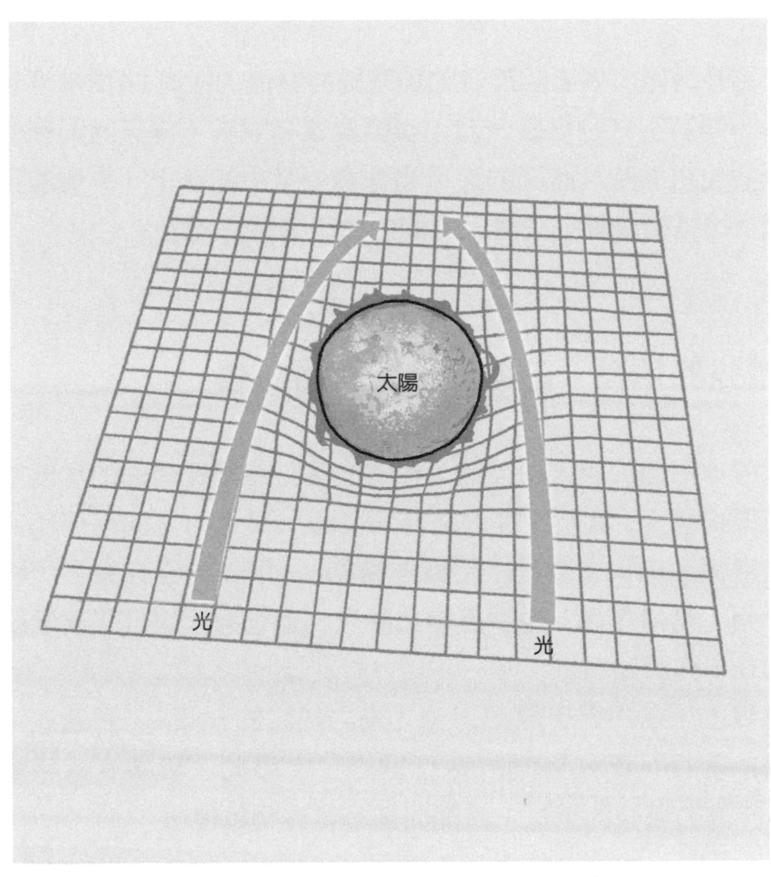
太陽
光
光

在重力強大的地點，時間的進行會變慢

空間扭曲時，時間的進行也會有變化

從這裡開始，要著眼於重力與時間的關係。在第14頁曾經談到，時間和空間始終是一體。根據廣義相對論，當天體周圍的空間發生扭曲時，時間的進行也會發生微小的變化。**天體的質量越大，或者越靠近天體，時間的進行會變得越慢。**

重力越強的地點，時間的進行變得越慢

思考一下由於巨大的天體，使得光的行進路徑彎曲的狀況吧（右頁插圖）！當光的行進路徑彎曲時，彎道內側的路徑比外側來得短。由於速度是「距離÷時間」，所以光速在靠近天體的一側（彎道內側）似乎變得比較慢。但這麼一來，不就牴觸了光速不變原理嗎？

事實上，在靠近天體的那側（重力較強的一側），光速並沒有真的變慢，而是時間的進行變慢了。**因此，根據廣義相對論，在重力越強的地點，時間的進行會變得越慢。**

註：光在天體旁邊會彎曲的現象，有一半是由「時間延遲的效果」所造成，另一半則是由「空間扭曲的效果」所造成。

黑洞旁邊的時間

本圖為在質量非常大的「黑洞」旁邊，光彎曲行進的場景。在光的彎道之內側和外側，光行進的距離並不相同，所以似乎是光速改變了。但事實上，光速依舊相同，而是時間的進行不一樣。

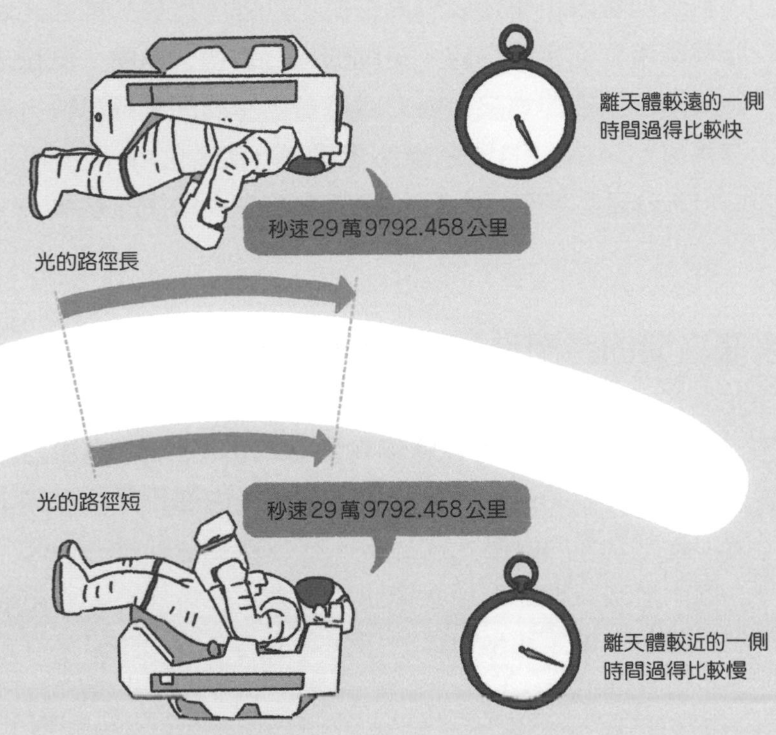

5 在東京晴空塔的頂端，時間過得比較快

距離地面越遠，時間的進行越快

地球的重力也會造成時間的微小延遲。比如，地面比起周圍什麼也沒有的宇宙空間，時間的進行會慢一點點。**反過來說，距離地面越遠的地方，重力越微弱，時間的進行越快。**例如，在高度634公尺的東京晴空塔頂端，時間的進行會比地面快100兆分之7左右，大約45萬年會產生1秒鐘的差異。

太陽表面的時間進行得比地球上慢

另一方面，太陽（質量約為地球的33萬倍，半徑約為109倍）表面的重力遠比地球強大，但時間的進行只比地球上慢了100萬分之2的程度。像這樣，在地球上及鄰近的天體，時間的進行方式只會出現極其微小的差異。在地球上，通常無法看到光彎曲的景象，也可以說是因為重力造成的時間進行方式的變化極其微小的緣故。

東京晴空塔頂端的時間

距離地面越遠的地方，重力越微弱，時間進行得越快。在距離地面634公尺的東京晴空塔頂端，時間比地面快大約100兆分之7。

幾近直線行進的光
在地球上，光的彎曲十分微小，時間的變化也非常微小。

時間延遲和空間扭曲所造成的「重力透鏡」

天體的影像會扭曲，或分裂為多個

在大質量天體的旁邊，時空會扭曲，讓我們得以觀察到光的彎曲。除了光會在太陽周邊彎曲之外，科學家還觀測到許多個稱為「重力透鏡」（gravitational lens）的現象，**這是指原本由天體傳來的光，在中途受到了巨大重力源的影響而彎曲，導致天體的影像扭曲變形，或是分裂成許多個，或者亮度加強的現象。**

時空的扭曲發揮了透鏡的作用

例如，如果在遙遠的星系與地球之間，有星系團之類的巨大重力源存在的話，有時候遙遠星系會呈現出環狀或圓弧狀的樣貌（右頁插圖）。這是因為位於近側的星系團發揮透鏡的作用，使遙遠星系傳來的光彎曲，導致影像發生了扭曲。

眼鏡或相機等物品所使用的普通透鏡，是玻璃或塑膠等物質使光彎曲了。**而重力透鏡則是藉由時空的扭曲發揮了透鏡般的作用。**

重力透鏡

如果在遠方星系和地球之間有巨大的重力源存在，則有時候遠方星系傳來的光會被彎曲。這樣的現象稱為重力透鏡。

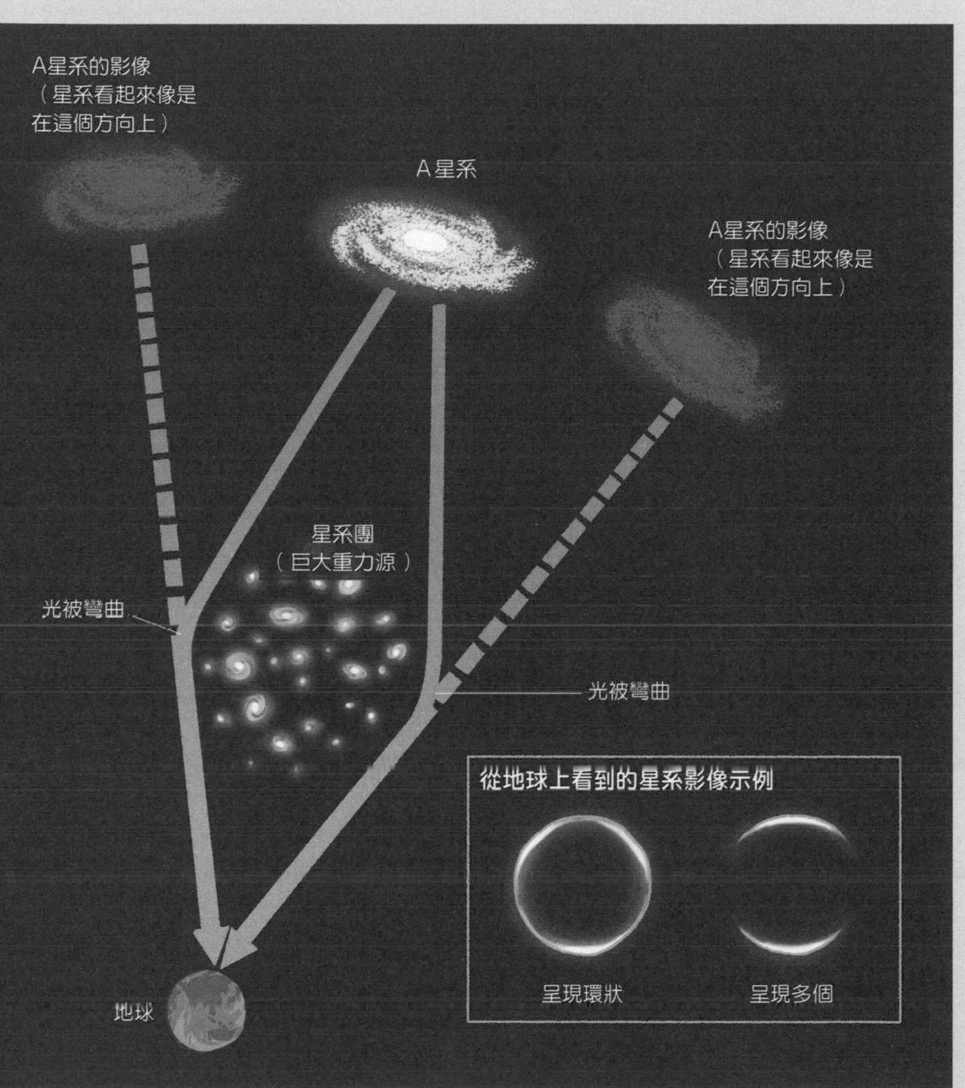

隱形眼鏡的發明人

說到我們日常生活中的透鏡，近視者需要戴的隱形眼鏡算是一個典型例子！據說，**第一個構想出隱形眼鏡機制的人，是留下〈蒙娜麗莎的微笑〉等許多偉大作品的義大利藝術家達文西（Leonardo Da Vinci ，1452 ～ 1519 ）。**

1508年，達文西使用玻璃水槽進行了一項與隱形眼鏡有關的實驗。**他把一個球形玻璃水槽裝滿水，再把臉浸入水槽內。**他在水中張開眼睛後，發現外面的景色看起來完全不一樣。雖然水槽形狀和現在的隱形眼鏡並不相同，但其原理是相通的。

首位開發出真正可以配戴的隱形眼鏡的人是瑞士的眼科醫生菲克（Adolf Eugen Fick，1852～1937)。1888年，菲克使用玻璃製造隱形眼鏡，並且自己試戴。現在普及的塑膠製隱形眼鏡則是在1930年代開發出來的產品。

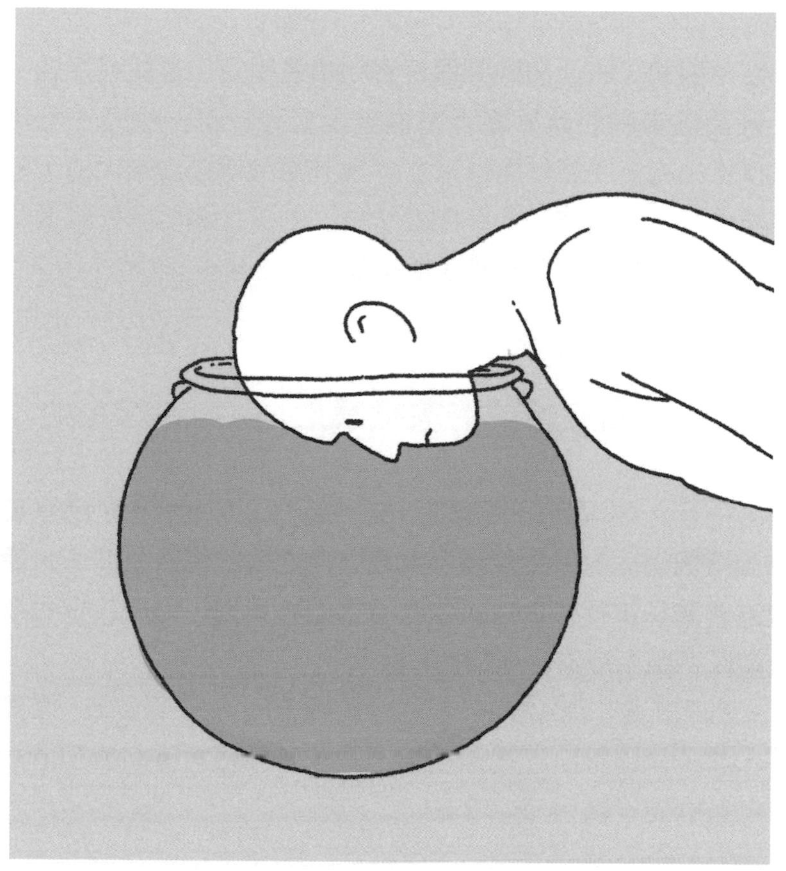

時光旅行或許有可能喔！

前往未來的時光旅行在原理上是可行的

根據相對論，時間和空間會延長，也會縮短。若能利用這一點，則前往未來的時光旅行在理論上是可行的。例如，利用「以接近光的速度運動再回來」、「前往黑洞等重力強大的天體旁邊再回來」等方法，便能製造出雖然對旅行者而言只經過短暫時間，但是在地球上已過了漫長歲月的狀況。

回到過去的時光旅行或許會被禁止

再進一步，根據廣義相對論，在「蟲洞」（假設有這種連結遙遠的兩個地點的時空隧道）真實存在之類的特殊狀況下，回到過去的時光旅行在原理上也是可行的。不過，目前並沒有發現蟲洞在宇宙中真實存在的證據。

回到過去的時光旅行具有能夠修改過去歷史的可能性，因此有許多物理學家推測，是否有某種超越廣義相對論的機制禁止時光旅行回到過去。

回到過去的時光旅行

利用時空隧道「蟲洞」或許能達成回到過去的時光旅行。
不過，目前還沒有發現蟲洞真實存在的證據。

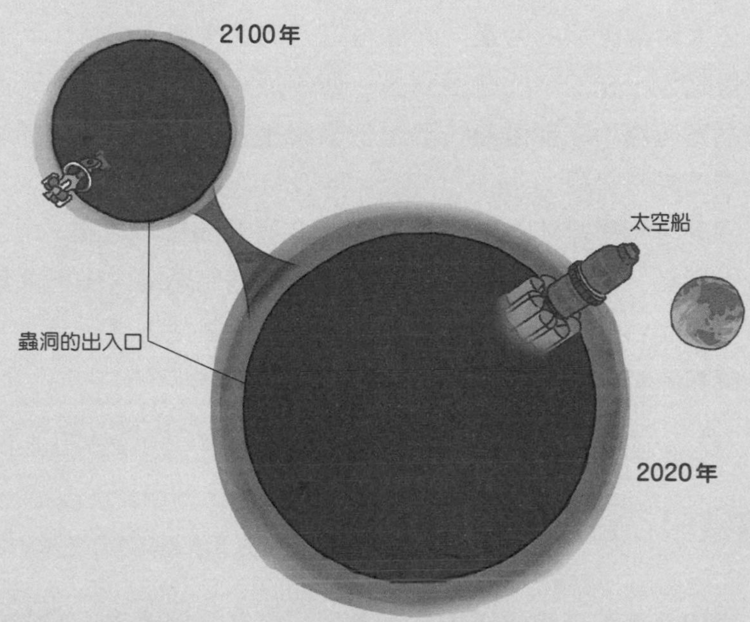

蟲洞是指連結在空間或時間上遙遠兩點的時空隧道。蟲洞具有兩個出入口，太空船從其中一個出入口進入，能立刻從另一個出入口出來。

也有不少物理學家認為，回到過去的時光旅行是不可能的！

8 黑洞連光都會吸進去

黑洞是大質量恆星的結局

在大質量天體的旁邊，光的行進方向會彎曲。而且，天體的質量越大，光的彎曲幅度越大。**如果是質量極度巨大的天體，那麼光可能不只會彎曲，甚至會被吸進去，無法逃脫。**這樣的天體稱為「黑洞」。

黑洞可能是質量為太陽25倍以上之恆星的最終結局。恆星燃燒完畢後，中心部分會因本身的重力而開始塌縮。由於大質量恆星中心部分的重力太強，所以會一直不斷地塌縮，直到縮成一個點。

光會被吸往奇異點

根據科學家計算的結果，大質量恆星塌縮到最後，會在中心形成一個大小為零而密度無限大的點，我們稱之為「奇異點」（singularity）。由於「密度＝質量÷體積」，所以如果體積為零，則密度會成為無限大。**進入黑洞的光，全被吸往奇異點。**也就是說，奇異點是時空的終點站。

註：大質量恆星塌縮的結果，是否真的會變成密度無限大？這個問題目前並沒有明確的答案。

黑洞把光吸入

大質量恆星在即將死亡時，如果藉由本身的重力而塌縮，就會形成黑洞。黑洞的重力極端強大，不只會使光彎曲，甚至會把光吸進去。

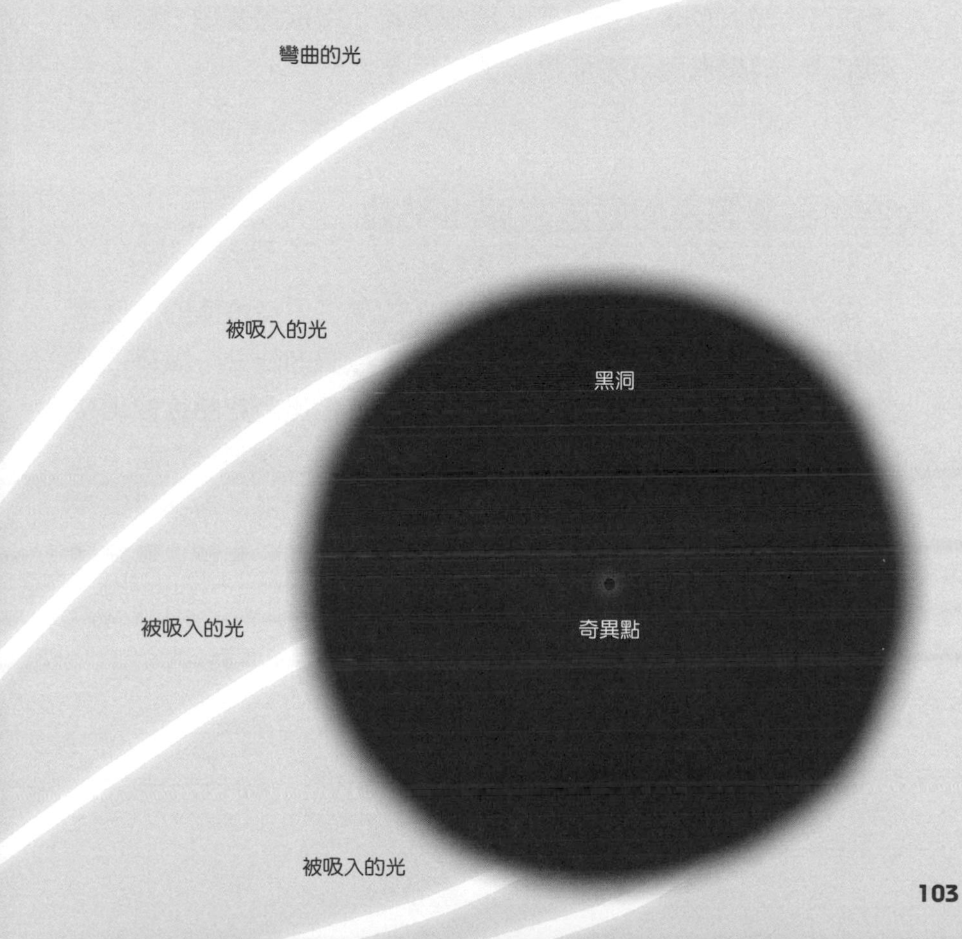

9 在黑洞的表面，時間會停止

在大質量天體的旁邊，時間會延遲

光進入黑洞之後，再也無法脫離出來。也就是說，從黑洞表面往外發出的光無法往外行進（1）。

在大質量天體旁邊，離天體越近，光的速度看起來越慢。這意味著，時間的進行變慢了。**同理類推，在黑洞表面，若從外側來看，時間的進行完全停止了。**

太空船在黑洞表面看起來靜止不動

有一架太空船不斷地朝黑洞墜落，如果從位於遠處的太空母船來觀察，會看到什麼樣的情況呢？在黑洞的附近，越靠近黑洞，則時間的進行越慢。**因此，看起來會像是太空船徐徐地降低速度，最後停在黑洞表面完全靜止不動（2）。**另一方面，從太空船內的人來看，時間照常在進行，太空船直接通過黑洞表面並沒有停留。但是，從遠處的太空母船內的人來看，無論經過多久的時間，都看不到太空船通過黑洞表面。

黑洞的表面

從黑洞表面發出的光並不會向外行進。此外，從位於遠處的太空母船觀察往黑洞墜落的太空船，會看到太空船停留在黑洞表面靜止不動。

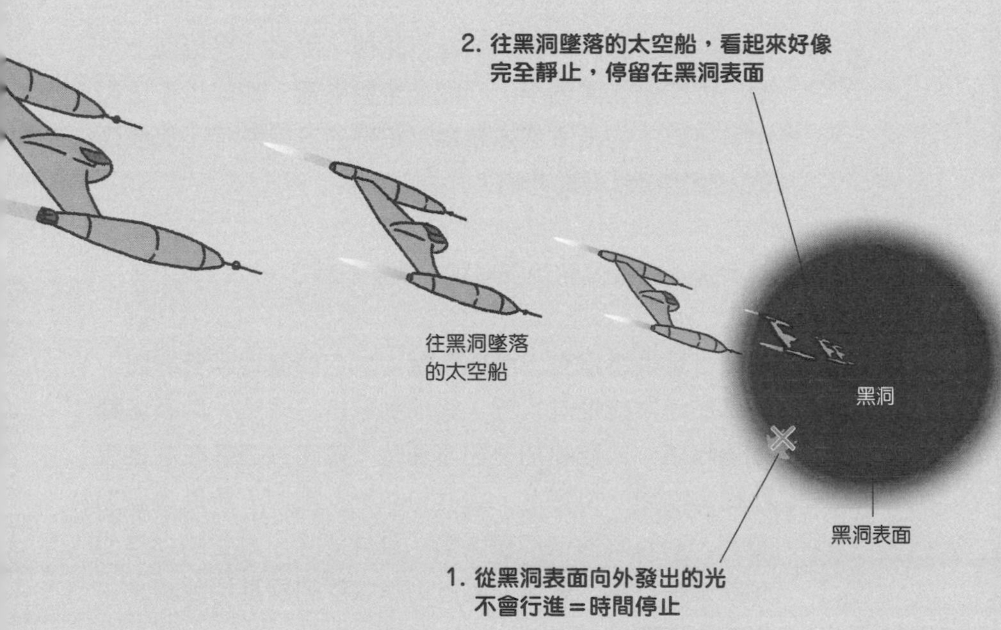

離黑洞很遠的太空母船

博士！
請教一下!!

哪一個人比較老？

博士！如果我搭乘超高速太空船前往很遠的星球，然後再回到地球。那麼我和同班的小雪，誰會比較老呢？

運動的速度越快，時間的進行越慢。不過，從地面上來看，太空船在運動中，而從太空船來看，地球也在運動中。所以，如果太空船持續以相同的速度飛行，那麼兩個人應該都會一樣老吧！

這樣啊！那我就可以安心地去太空旅行了。

可是，這件事沒有這麼簡單哦！太空船從地面發射時，必須加速才能飛向太空，等飛到目標星球時，必須減速才能降落。太空船加速和減速時，會產生彷彿往前推或往後拉的力。事實上，這個力類似於重力，所以這個力越大，則時間的進行會越慢。也就是說，太空船這邊的時間會進行得比較慢。因此，等太空船回到地球時，小雪會比較老。

…………。

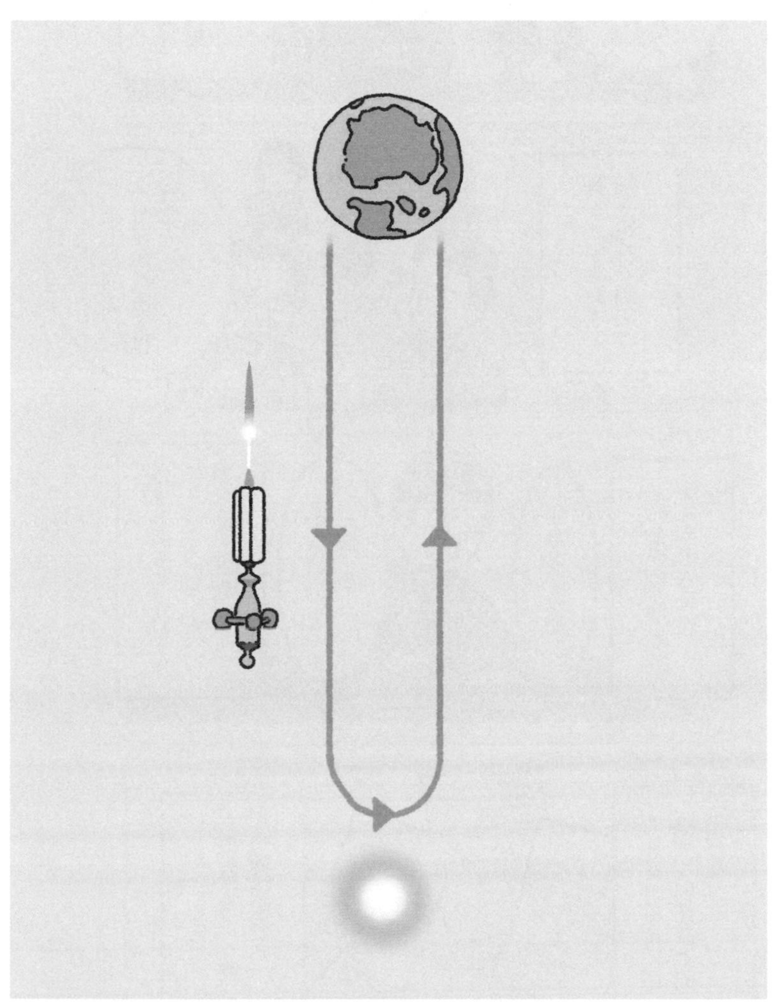

從大學到奇蹟年？

不來上課的傢伙，別想要我推薦工作給你！

雖然大學畢業了，卻一直找不到工作

成為研究人員

愛因斯坦後來成為蘇黎世理工學院的副教授。1915年，發表了廣義相對論

1919年，英國天文學家愛丁頓等人利用日全食的機會，觀測到太陽造成的時空扭曲，證實了廣義相對論

從此，愛因斯坦成為舉世聞名的人物

1922年，愛因斯坦在前往日本的船上，得知自己獲頒諾貝爾物理學獎的消息

得獎的原因是「發現光電效應的定律」。當時還沒有任何學者能適當地評價相對論

雖然是籠罩在榮光之下的研究人員，但由於德國的反猶太主義高漲，因此愛因斯坦在1933年逃往美國，從此再也沒有回到德國

4. 相對論與
現代物理學

相對論在物理學的各種領域都有長足的發展。在本章，將探討相對論在現代物理學中的應用。

宇宙空間正在膨脹

根據廣義相對論，宇宙空間會持續膨脹

直到20世紀初期之前，人們普遍認為宇宙空間永遠不變，即便是提出廣義相對論的愛因斯坦也這麼認為。但是，**在1922年，俄羅斯物理學家弗里德曼（Alexander Friedmann，1888～1925）根據廣義相對論，從理論上闡明了宇宙空間會膨脹或收縮。**

觀測到宇宙空間的膨脹

在1920年代後半，比利時宇宙物理學家勒梅特（Georges Lemaître，1894～1966）和美國天文學家哈伯（Edwin Hubble，1889～1953）從天文觀測的資料中發現，宇宙空間正在膨脹中。

右頁插圖1、2是宇宙空間膨脹的示意圖。各個星系間的距離延伸為2倍。如果是觀測這樣的宇宙，則無論從哪個星系來觀測，都會是越遠的星系以越快的速度退離而去。勒梅特和哈伯所觀測到的就是這樣的事實。

膨脹的宇宙空間

下列為宇宙空間膨脹的示意圖。**1** 的宇宙空間膨脹為 2 倍，就成為 **2** 的宇宙空間。無論從哪個星系來看，都是越遠的星系的移動距離越長，且以越快的速度遠離而去。

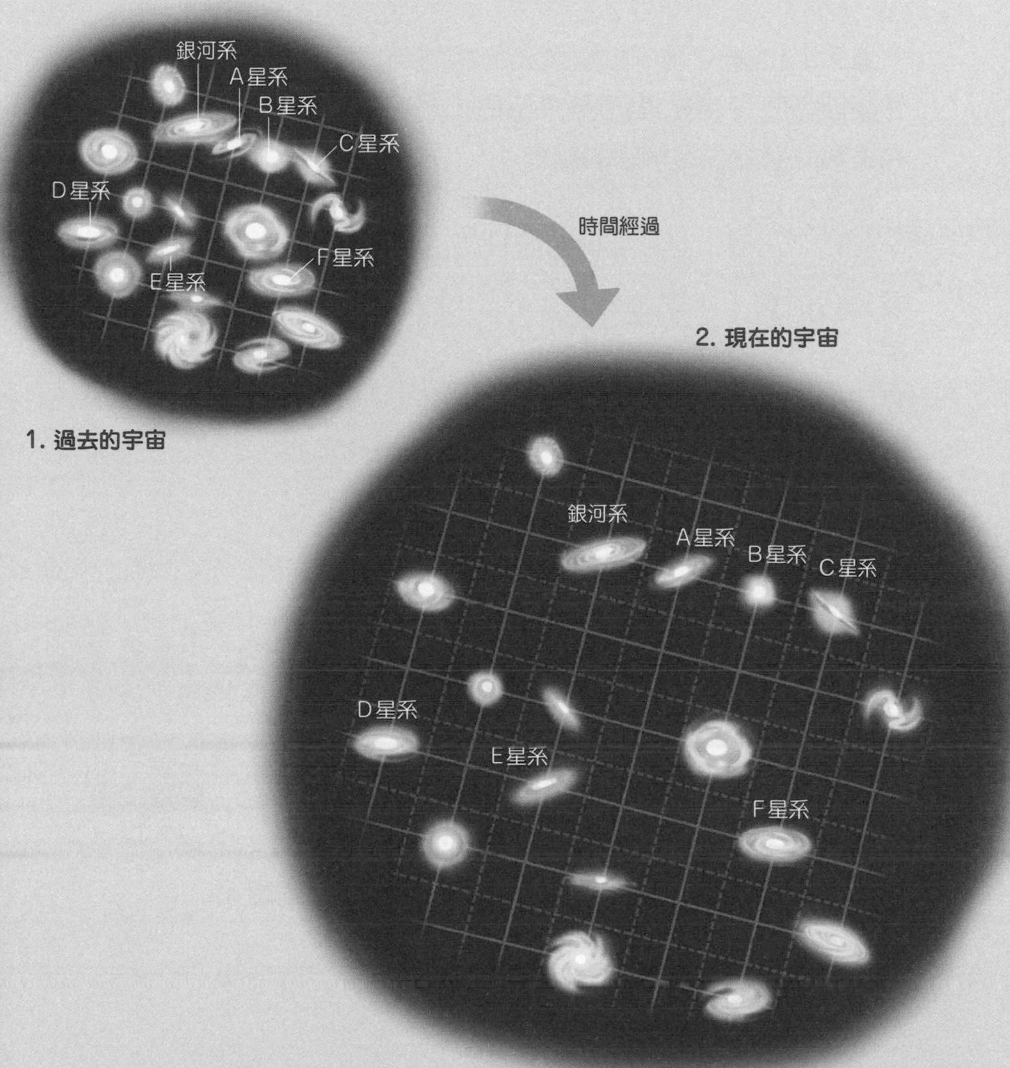

2 利用相對論闡明太陽的能源

如果太陽是煤炭，只能燃燒數千年

進入20世紀之前，太陽發光的機制仍然是一個未解之謎。**直到愛因斯坦提出在第76頁介紹的「$E=mc^2$」這個方程式，才為這個謎題提供了解答的線索。**

當時的地質學家認為，地球誕生迄今，可能經過至少數十億年之久。但是，假設太陽的所有質量全部都是煤炭的話，則只要短短的數千年就會燒完；若假設太陽是以本身的重力為能源，也只能夠延續數千萬年。這麼一來，太陽的壽命也未免太短了。

減少的質量轉換成龐大的能量

解決這個難題的就是狹義相對論。在太陽的中心，不停地發生由4個氫原子核猛烈地碰撞並融合，產生氦原子核的「核融合反應」。分別比較核融合反應前後的質量，會發現反應後的質量減少了大約0.7%。**減少的質量依循「$E=mc^2$」轉換成龐大的能量。**若以這個核融合反應來看，便能解釋太陽數十億年來始終閃耀生輝的原因。就這樣，解答了這個謎題。

核融合反應的前後

在太陽的中心，4 個氫原子核發生核融合反應而產生氦原子核。由於核融合反應，質量減少了大約0.7%，減少的質量依循$E=mc^2$轉換成龐大的能量釋放出來。

太陽
反應前
氫原子核
反應後
氦原子核
微中子
正子

利用相對論校正GPS

1天延遲120微秒、超前150微秒

告訴我們目前所在位置的「GPS」(全球定位系統),之所以能夠找到正確的位置,也是要靠相對論襄助一臂之力。

發出GPS的電波的「GPS衛星」以時速約14000公里的速度飛行。**因此,根據狹義相對論,裝配在GPS上的時鐘,和地面上的時鐘比較起來,每天會延遲120微秒左右。**另一方面,GPS衛星是在高度大約2萬公里的宇宙空間中移動,它所受到的地球重力比起在地面上小了許多。**因此,根據廣義相對論,GPS上的時鐘每天會比地面上的時鐘超前約150微秒。**

預先校正GPS

也就是說,如果把狹義相對論和廣義相對論綜合起來思考,則GPS衛星上的時鐘和地面上的時鐘相較,每天會超前30微秒左右。將這個時鐘的偏差換算成距離,會產生大約10公里的誤差。**因此,為了讓GPS不會出現因兩個理論所造成的時間差,必須預先做好校正。**

GPS衛星

GPS衛星上的時鐘和地面上的時鐘相較，每天會超前30微秒左右。所以GPS在設計時已經預先做好校正，才不會出現這樣的時間差。

發現了時空的漣漪——重力波

愛因斯坦最後的課題

2016年2月，美國的重力波觀測裝置「LIGO」成功觀測到重力波，這則消息在全世界掀起了狂熱的風潮。**重力波是指時空的扭曲以波的形式向周圍傳播開的現象。**根據廣義相對論，黑洞等具有巨大質量的物體在運動時，時空的扭曲會如同在水面上傳播的漣漪般，往四面八方傳播開來。不過，要直接觀測重力波非常困難，因此也被稱為「愛因斯坦最後的課題」。

3倍太陽的質量以重力波的形式放射出來

這回LIGO觀測到的重力波，可能是兩個互相繞轉的黑洞徐徐靠近，後來發生碰撞且合併時所產生。這兩個相撞的黑洞，質量分別為太陽的36和29倍，合併之後，成為一個質量達太陽62倍的大黑洞。36加上29，是65。**所少掉的3倍太陽質量，依循「$E=mc^2$」轉換成龐大的能量，以重力波的形式放射出來。**

黑洞聯星

下圖為發出重力波的「黑洞聯星」示意圖。當黑洞之類的大質量天體高速運動時，時空的扭曲會以重力波的形式往周圍傳播開來。黑洞聯星徐徐靠近，最後合併在一起。在這個瞬間，可能會產生更大的重力波。

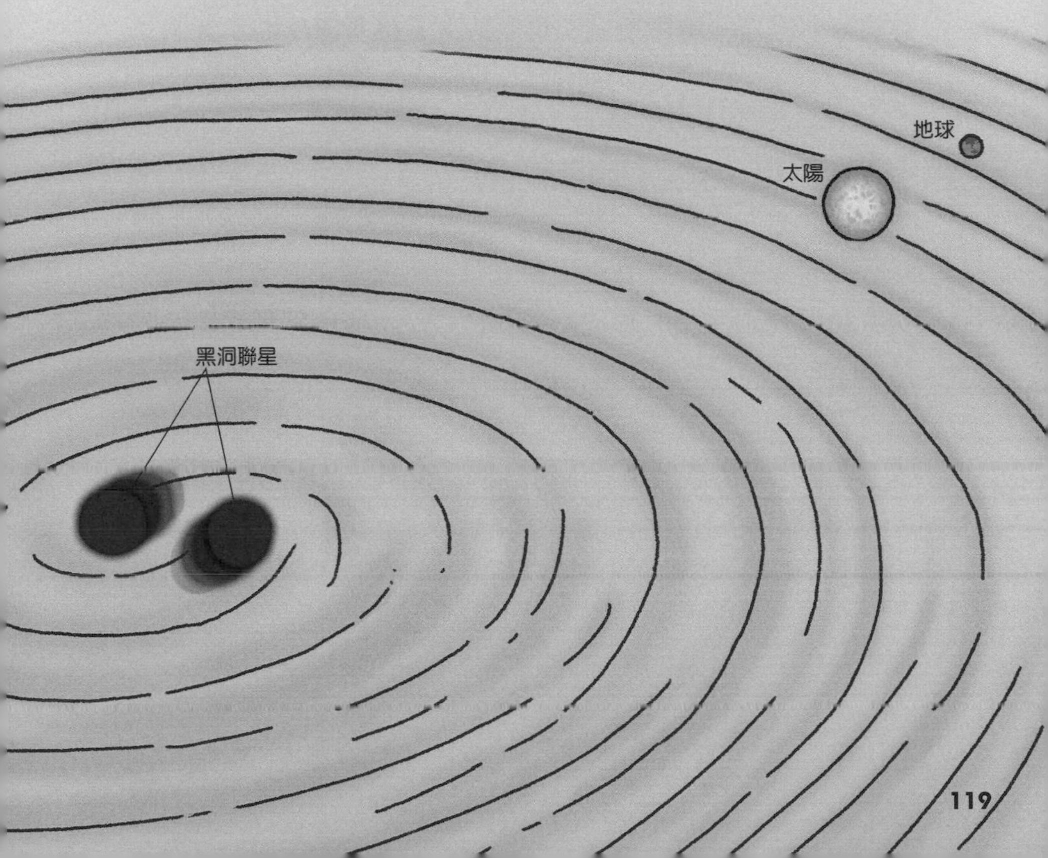

終於看到黑洞了！

成功拍攝到黑洞的陰影

黑洞是依據愛因斯坦的廣義相對論，從理論上預測其存在的天體。然而，因為黑洞是個連光也會吸進去的全暗天體，所以要拍攝它的影像以證明它的存在，是一件相當困難的事情。

2019年，一個國際合作的研究團隊首次拍攝到黑洞的陰影，而2019年也恰好是廣義相對論首次藉由觀測獲得證明之後的第100年，可說是個別具意義，且值得慶祝的年度。

具有65億倍太陽質量的黑洞

研究團隊把分布於地球上8個地方的電波望遠鏡串連起來，聯手進行觀測黑洞，終於拍攝到距離地球5500萬光年，位在星系中心的黑洞陰影。這個黑洞的質量達到太陽的65億倍。

黑洞周圍的氣體被黑洞吞進去時，溫度提升到非常高的程度。**這些高溫氣體的光輝使得位於中心的黑洞如陰影般浮現。**

被拍攝到的黑洞

國際研究團隊於2019年 4 月10日宣布成功拍攝到黑洞的陰影。下方圖像的中央，就是黑洞的陰影。環狀的光輝是黑洞周圍氣體釋放出的電波。

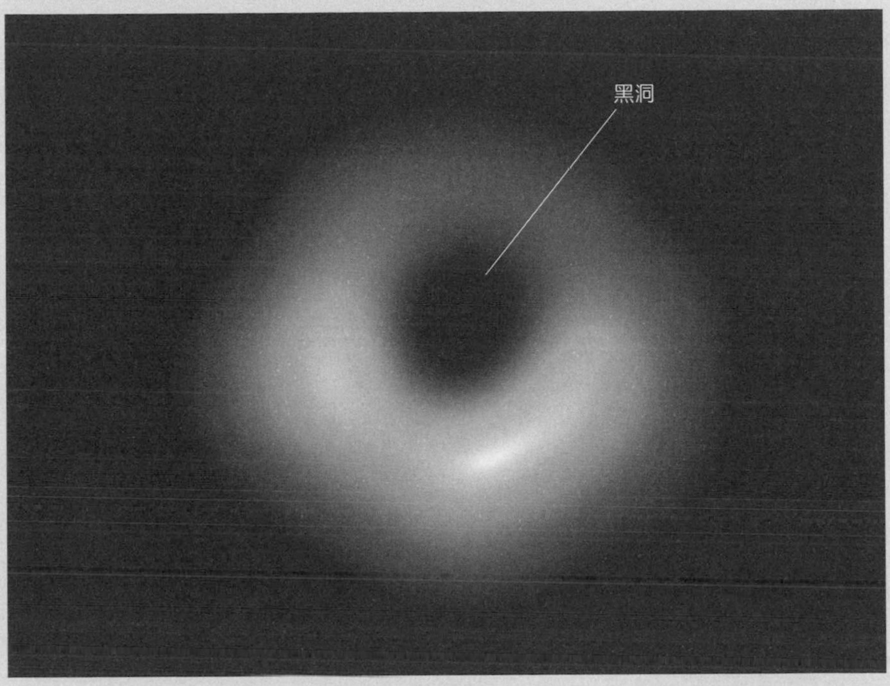

黑洞

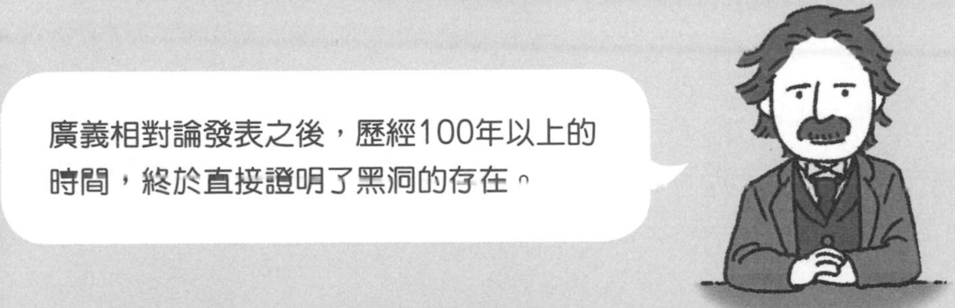

廣義相對論發表之後，歷經100年以上的時間，終於直接證明了黑洞的存在。

博士！
請教一下!!

相對論已闡明重力了嗎？

廣義相對論是和重力有關的理論吧！那麼和重力有關的事情，全部都揭曉了嗎？

不，還有許多現象無法利用廣義相對論來計算，黑洞就是其中之一。

黑洞的存在，不是依據廣義相對論預測出來的嗎？

嗯！不過，它中心的密度如果依據廣義相對論來計算，會成為無限大。像這樣超微觀的宇宙空間之密度，極端微小空間的重力現象，並沒辦法依據廣義相對論圓滿地處理。

咦，怎麼會這樣～？

目前，全世界的物理學家正在努力，要建立一個把廣義相對論和微觀世界的物理法則「量子力學」統合起來的新理論哦！

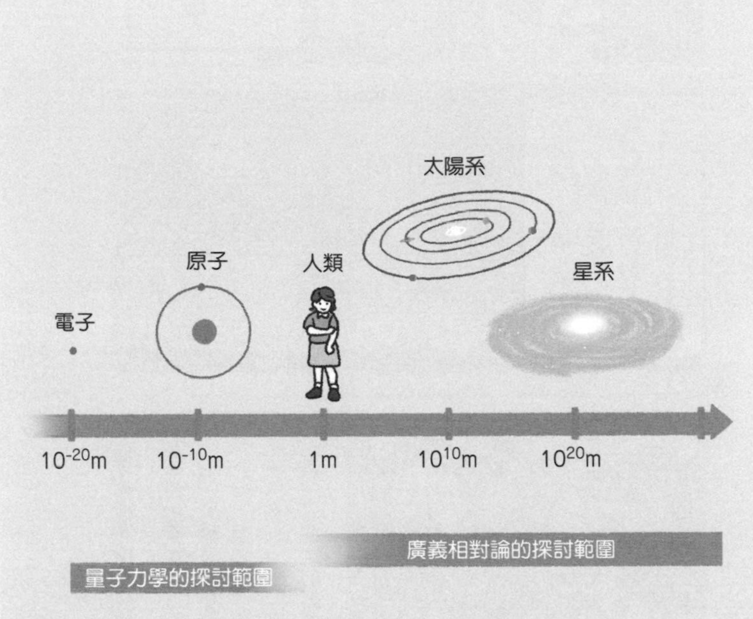

量子力學是處理原子、電子等微觀世界的理論，而廣義相對論則是以處理巨觀世界為主的理論。建立一個把量子力學和廣義相對論統合起來的理論，已經成為物理學界的重大目標之一。

愛因斯坦的訪日之旅

在東京、仙台、名古屋等8個地方演講，受到熱烈歡迎。總計有1萬4000人前來聆聽

他在日本停留43天後離開。在送別會中，演奏了小提琴

愛因斯坦的和平活動

1939年，他簽署了一封寄給美國羅斯福總統的信，信中提及把核能運用在武器上的可能性

後來，愛因斯坦參與了原子彈的製造。而後原子彈於1945年分別投在日本的廣島和長崎

愛因斯坦承受了極大的衝擊。他十分後悔在信上簽了名，後來曾經向湯川秀樹（1949年諾貝爾物理獎得主）流淚致歉

於是，他大力主張「世界必須融合為一」

愛因斯坦於1955年4月13日因腹部主動脈瘤破裂而住院治療。4月18日病逝，享壽76歲

他用德語說了臨終遺言，但護理師聽不懂德語，不明白他說了什麼

同年7月，「羅素－愛因斯坦宣言」被發表。這是愛因斯坦投注心力參加的活動之一，主要訴求為廢除核武器以及科學技術的和平運用

Galileo
觀念伽利略

化學 化學／週期表

學習必備！基礎化學知識

化學是闡明物質構造與性質的學問。其研究成果在生活周遭隨處可見，舉凡每天都在使用的手機、商品的塑膠袋乃至於藥品，都潛藏著化學原理。

這些物質的特性又與元素息息相關，該如何應用得宜還得仰賴各種實驗與科學知識，掌握週期表更是重要。由化學建立的世界尚有很多值得探究的有趣之處。

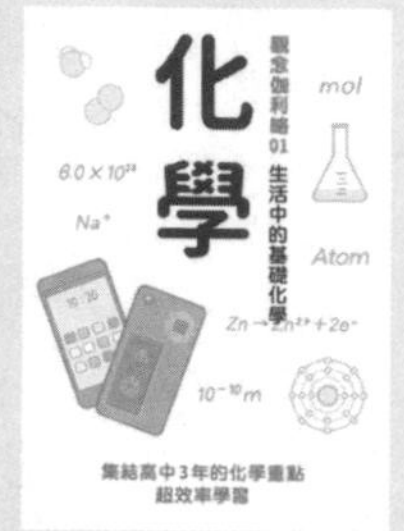

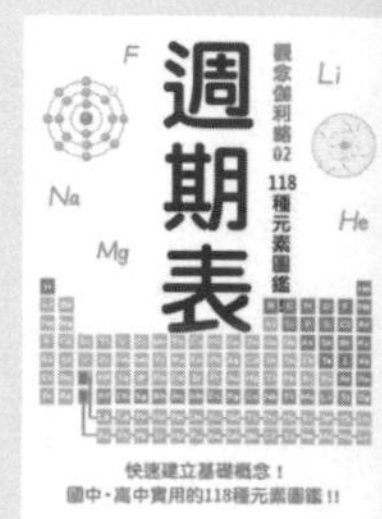

數學 虛數／三角函數

打破理解障礙，提高解題效率

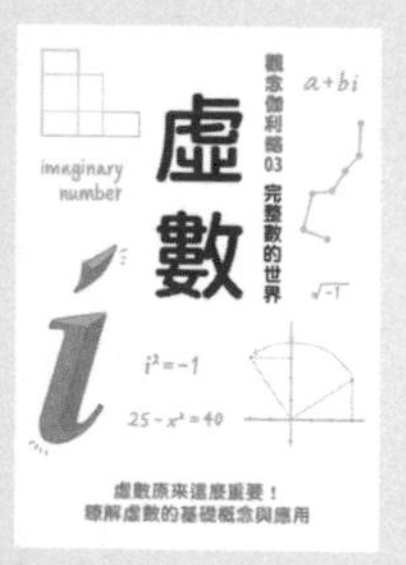

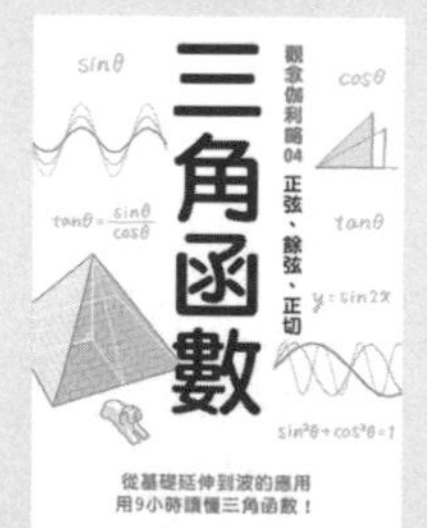

虛數雖然是抽象觀念，但是在量子世界想要觀測微觀世界，就要用到虛數計算，在天文領域也會討論到虛數時間，可見學習虛數有其重要性。

三角函數或許令許多學生頭痛不已，卻是數學的基礎而且應用很廣，從測量土地、建置無障礙坡道到「波」的概念，都與之有關。能愉快學習三角函數，就比較可能跟數學發展出正向關係。

物理　物理／相對論 量子論／超弦理論

掌握學習方法，關鍵精華整理

物理是探索自然界規則的學問。例如搭公車時因為煞車而前傾，就是「慣性定律」造成的現象。物理與生活息息相關，了解物理，觀看世界的眼光便會有所不同，亦能為日常平添更多樂趣。

相對論是時間、空間相關的革命性理論，也是現代物理學的重要基礎。不僅可以用來解釋許多物理現象，也能藉由計算來探討更加深奧的問題。

量子論發展至今近百年，深刻影響了眾多領域的發展，從電晶體、半導體，一直到量子化學、量子光學、量子計算……對高科技領域感興趣，就要具備對量子論的基本理解與素養。

相對論與量子論是20世紀物理學的重大革命，前者為宏觀、後者是微觀，但兩大理論同時使用會出現矛盾，於是就誕生了超弦理論 — 或許可以解決宇宙萬物一切現象的終極理論。

【 觀念伽利略 06 】

相對論

文組也能輕鬆入門

作者／日本Newton Press
特約編輯／洪文樺
翻譯／黃經良
編輯／林庭安
發行人／周元白
出版者／人人出版股份有限公司
地址／231028 新北市新店區寶橋路235巷6弄6號7樓
電話／（02）2918-3366（代表號）
傳真／（02）2914-0000
網址／www.jjp.com.tw
郵政劃撥帳號／16402311 人人出版股份有限公司
製版印刷／長城製版印刷股份有限公司
電話／（02）2918-3366（代表號）
經銷商／聯合發行股份有限公司
電話／（02）2917-8022
香港經銷商／一代匯集
電話／（852）2783-8102
第一版第一刷／2022年7月
定價／新台幣280元
　　　港幣93元

國家圖書館出版品預行編目（CIP）資料

相對論：文組也能輕鬆入門
日本Newton Press作；黃經良翻譯. -- 第一版. --
新北市：人人出版股份有限公司, 2022.07
面； 公分. —（觀念伽利略；6）
譯自：相対性理論：物理学に革命をおこした大理論！相対性理論がゼロからわかる!
ISBN 978-986-461-290-1（平裝）
1.CST：相對論 2.CST：通俗作品

331.2　　111006756

Staff

Editorial Management	木村直之
Editorial Staff	井手 亮，井上達彦
Cover Design	岩本陽一
Editorial Cooperation	株式会社 美和企画（大塚健太郎，笹原依子）・青木美加子・寺田千恵

Photograph

121　EHT Collaboration

Illustration

表紙カバー	佐藤蘭名
表紙	佐藤蘭名
3~13	佐藤蘭名
15	黒田清桐さんのイラストを元に佐藤蘭名が作成
17~33	佐藤蘭名
35	富﨑NORIさんのイラストを元に佐藤蘭名が作成
37	佐藤蘭名
39	黒田清桐さんのイラストを元に佐藤蘭名が作成
41~71	佐藤蘭名
73	小林稔さんのイラストを元に佐藤蘭名が作成
75~115	佐藤蘭名
117	吉原成行さんのイラストを元に佐藤蘭名が作成
119	加藤愛一さんのイラストを元に佐藤蘭名が作成
123~125	佐藤蘭名